만점왕 연산

2단계

초등 1학년 권장

만점왕 연산을 선택한
친구들과 학부모님께!

연산은 수학을 공부하는 데 기본이 되는 **수학의 기초 학습**입니다.

어려운 사고력 문제를 풀 수 있는 학생도 정확하고 빠른 속도의 연산 실력이 부족하다면 높은 수학 점수를 받을 수 없습니다.

정해진 시간 안에 문제를 풀어야 하는데 기초 연산 문제에서 시간을 다 소비하고 나면 정작 사고력이 필요한 문제를 풀 시간이 없게 되기 때문입니다.

이처럼 연산은 매우 중요하지만 한 번에 길러지는 게 아니라 **꾸준히 학습해야** 합니다. 하지만 연산을 기계적으로 반복하기만 하면 사고의 폭을 제한할 수 있으므로 올바른 방법으로 학습해야 합니다.

처음 연산을 시작하는 학생에게는 연산의 정확성과 속도를 높이는 것이 중요하므로 수학의 개념과 원리를 바탕으로 한 충분한 훈련을 통해 연산 능력을 키워야 합니다.

만점왕 연산은 바로 이런 올바른 연산 공부를 위해 만들어진 책입니다.

만점왕 연산의
특징은 무엇인가요?

만점왕 연산은 수학 교과 내용 중 수와 연산, 규칙성 단원을 반영하여 학교 진도에 맞추어 연산 공부를 하기 좋게 만든 책입니다.

누구나 한 번쯤 해 봤을 연산 교재와는 차별화하여 매일 2쪽씩 부담없이 자기 학년 과정을 꾸준히 공부할 수 있는 교재입니다.

만점왕 연산의 특징은 학교에서 배우는 수학 공부와 병행할 수 있도록 수학의 가장 기초가 되는 연산을 부담없이 매일 학습이 가능하도록 구성하였다는 점입니다.

만점왕 연산은 총 몇 단계로 구성되어 있나요?

취학 전 예비 초등학생을 위한 **예비 2단계**와 **초등 12단계**를 합하여 총 **14단계**로 구성되어 있습니다.

한 단계는 한 학기를 기준으로 구성하였기 때문에 초등 입학 전 예비 초등 1, 2단계를 마친 다음에는 1학년부터 6학년까지 총 12학기 동안 꾸준히 학습할 수 있습니다.

단계	Pre ❶단계	Pre ❷단계	❶단계	❷단계	❸단계	❹단계	❺단계
	취학 전 (만 6세부터)	취학 전 (만 6세부터)	초등 1-1	초등 1-2	초등 2-1	초등 2-2	초등 3-1
분량	10차시	10차시	8차시	12차시	12차시	8차시	10차시

단계	❻단계	❼단계	❽단계	❾단계	❿단계	⓫단계	⓬단계
	초등 3-2	초등 4-1	초등 4-2	초등 5-1	초등 5-2	초등 6-1	초등 6-2
분량	10차시	10차시	10차시	10차시	10차시	10차시	10차시

5일차 학습을 하루에 다 풀어도 되나요?

연산은 한 번에 많이 푸는 것이 아니라 매일 꾸준히, 그리고 점차 난도를 높여 가며 풀어야 실력이 향상됩니다.

만점왕 연산 교재로 **월요일부터 금요일까지 하루에 2쪽씩** 학교 수학 진도와 병행하여 푸는 것이 가장 좋습니다.

만점왕 연산 **구성**

1 연산 학습목표 이해하기 → 2 원리 깨치기 → 3 연산력 키우기 5일 학습

3단계 학습으로 체계적인 연산 능력을 기르고 규칙적인 공부 습관을 쌓을 수 있습니다.

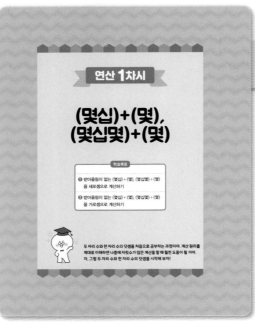

연산 1차시

(몇십)+(몇), (몇십몇)+(몇)

학습목표

❶ 받아올림이 없는 (몇십)+(몇), (몇십몇)+(몇)을 세로셈으로 계산하기

❷ 받아올림이 없는 (몇십)+(몇), (몇십몇)+(몇)을 가로셈으로 계산하기

두 자리 수와 한 자리 수의 덧셈을 처음으로 공부하는 과정이야. 계산 원리를 제대로 이해하면 나중에 자릿수가 많은 계산을 할 때 훨씬 도움이 될 거야. 자, 그럼 두 자리 수와 한 자리 수의 덧셈을 시작해 보자!

1 연산 학습목표 이해하기

**학습하기 전!
단원 도입을 보면서 흥미를 가져요.**

학습목표

각 차시별 구체적인 학습 목표를 제시하였어요. 친절한 설명글은 차시에 대한 이해를 돕고 친구들에게 학습에 대한 의욕을 북돋워 줘요.

2 원리 깨치기

**원리 깨치기만 보면
계산 원리가 보여요.**

원리 깨치기

수학 교과서 내용을 바탕으로 계산 원리를 알기 쉽게 정리하였어요. 특히 [원리 깨치기] 속 **연산Key** 는 핵심 계산 원리를 한 눈에 보여 주고 있어요.

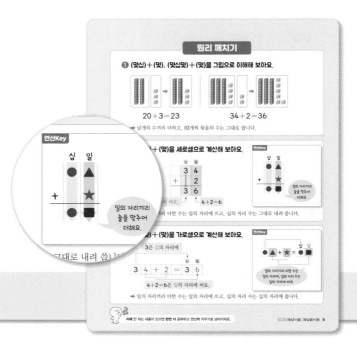

원리 깨치기

❶ (몇십)+(몇), 몇십몇)+(몇)을 그림으로 이해해 보아요.

20+3=23   34+2=36

➡ 낱개의 수끼리 더하고, 10개씩 묶음의 수는 그대로 씁니다.

연산Key

	십	일
	●	▲
+		★
	●	■

일의 자리끼리 줄을 맞추어 더해요.

+(몇)을 세로셈으로 계산해 보아요.

	3	4
+		2
	3	6

4+2=6

일의 자리끼리 더한 수는 일의 자리에 쓰고, 십의 자리 수는 그대로 내려 씁니다.

+(몇)을 가로셈으로 계산해 보아요.

3은 십의 자리에

3 4 + 2 = 3 6

4+2=6은 일의 자리에 써요.

➡ 일의 자리끼리 더한 수는 일의 자리에 쓰고, 십의 자리 수는 십의 자리에 씁니다.

이해 안 되는 내용이 있으면 한번 더 공부하고 연산력 키우기로 넘어가세요.

(몇십)+(몇), (몇십몇)+(몇) 9

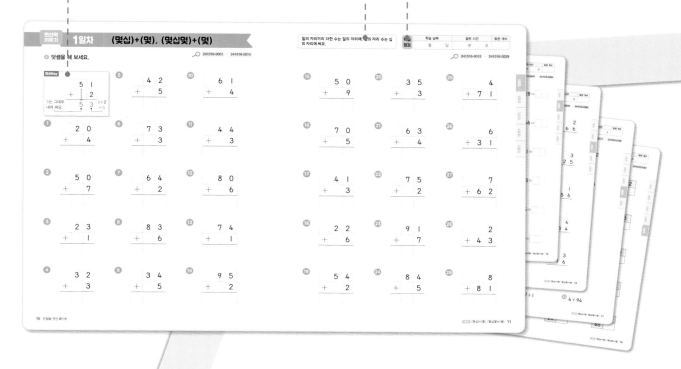

3 연산력 키우기

5일 학습

1~5일차 연산력 키우기로
연산 능력을 쑥쑥 길러요.

연산력 키우기 학습에 앞서
원리 깨치기 를 반드시 학습하여
계산 원리를 충분히 이해해요.

인공지능 DANCHOQ
푸리봇 문|제|검|색

EBS 초등사이트와 EBS 초등 APP 하단의
AI 학습도우미 푸리봇을 통해 문항코드를
검색하면 푸리봇이 해당 문제의 해설 강의를
찾아 줍니다.

문제별 문항코드 확인

241016-0001

[241016-0001]

1. 아래 그래프를 이해한 내용으로 가장 적절한 것은?

문항코드 검색

✻ 효과적인 연산 학습을 위하여 차시별 대표 문항 풀이 강의를 제공합니다.

✻ 강의에서 다루어지지 않은 문항은 문항코드 검색 시 풀이 방법을 학습할 수 있는 대표 문항 풀이로 연결됩니다.

단계 학습 구성

차 례

(몇십)+(몇),
(몇십몇)+(몇)

학습목표

❶ 받아올림이 없는 (몇십)+(몇), (몇십몇)+(몇)
을 세로셈으로 계산하기

❷ 받아올림이 없는 (몇십)+(몇), (몇십몇)+(몇)
을 가로셈으로 계산하기

두 자리 수와 한 자리 수의 덧셈을 처음으로 공부하는 과정이야.
계산 원리를 제대로 이해하면 나중에 자릿수가 많은 계산을 할 때
훨씬 도움이 될 거야.
자, 그럼 두 자리 수와 한 자리 수의 덧셈을 시작해 보자!

원리 깨치기

❶ (몇십)＋(몇), (몇십몇)＋(몇)을 그림으로 이해해 보아요.

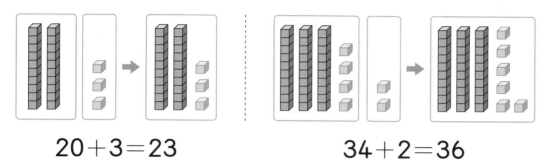

$$20+3=23 \qquad\qquad 34+2=36$$

➡ 낱개의 수끼리 더하고, 10개씩 묶음의 수는 그대로 씁니다.

❷ (몇십몇)＋(몇)을 세로셈으로 계산해 보아요.

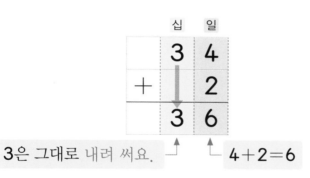

3은 그대로 내려 써요.　　　$4+2=6$

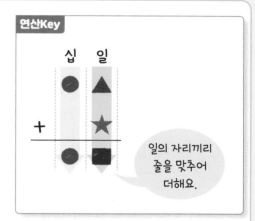

연산Key

일의 자리끼리 줄을 맞추어 더해요.

➡ 일의 자리끼리 더한 수는 일의 자리에 쓰고, 십의 자리 수는 그대로 내려 씁니다.

❸ (몇십몇)＋(몇)을 가로셈으로 계산해 보아요.

3은 십의 자리에

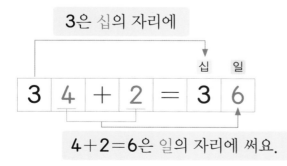

$4+2=6$은 일의 자리에 써요.

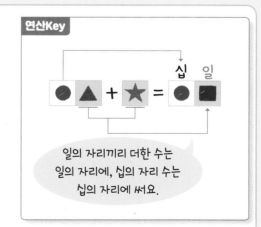

연산Key

일의 자리끼리 더한 수는 일의 자리에, 십의 자리 수는 십의 자리에 써요.

➡ 일의 자리끼리 더한 수는 일의 자리에 쓰고, 십의 자리 수는 십의 자리에 씁니다.

 이해 안 되는 내용이 있으면 **한번 더** 공부하고 연산력 키우기로 넘어가세요.

241016-0001 ~ 241016-0014

❁ **덧셈을 해 보세요.**

연산Key

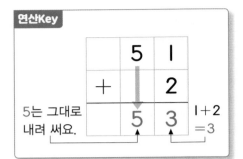

	5	1
+		2
	5	3

5는 그대로 내려 써요. 1+2=3

1

	2	0
+		4

2

	5	0
+		7

3

	2	3
+		1

4

	3	2
+		3

5

	4	2
+		5

6

	7	3
+		3

7

	6	4
+		2

8

	8	3
+		6

9

	3	4
+		5

10

	6	1
+		4

11

	4	4
+		3

12

	8	0
+		6

13

	7	4
+		1

14

	9	5
+		2

⑮
$$\begin{array}{r} 5\ 0 \\ +\quad 9 \\ \hline \end{array}$$

⑯
$$\begin{array}{r} 7\ 0 \\ +\quad 5 \\ \hline \end{array}$$

⑰
$$\begin{array}{r} 4\ 1 \\ +\quad 3 \\ \hline \end{array}$$

⑱
$$\begin{array}{r} 2\ 2 \\ +\quad 6 \\ \hline \end{array}$$

⑲
$$\begin{array}{r} 5\ 4 \\ +\quad 2 \\ \hline \end{array}$$

⑳
$$\begin{array}{r} 3\ 5 \\ +\quad 3 \\ \hline \end{array}$$

㉑
$$\begin{array}{r} 6\ 3 \\ +\quad 4 \\ \hline \end{array}$$

㉒
$$\begin{array}{r} 7\ 5 \\ +\quad 2 \\ \hline \end{array}$$

㉓
$$\begin{array}{r} 9\ 1 \\ +\quad 7 \\ \hline \end{array}$$

㉔
$$\begin{array}{r} 8\ 4 \\ +\quad 5 \\ \hline \end{array}$$

㉕
$$\begin{array}{r} 4 \\ +\ 7\ 1 \\ \hline \end{array}$$

㉖
$$\begin{array}{r} 6 \\ +\ 3\ 1 \\ \hline \end{array}$$

㉗
$$\begin{array}{r} 7 \\ +\ 6\ 2 \\ \hline \end{array}$$

㉘
$$\begin{array}{r} 2 \\ +\ 4\ 3 \\ \hline \end{array}$$

㉙
$$\begin{array}{r} 8 \\ +\ 8\ 1 \\ \hline \end{array}$$

241016-0030 ~ 241016-0046

❋ 덧셈을 해 보세요.

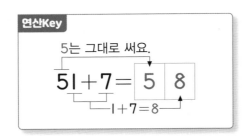

연산Key
5는 그대로 써요.
51 + 7 = 5 8
1 + 7 = 8.

① 30 + 2 =

② 90 + 5 =

③ 25 + 1 =

④ 63 + 6 =

⑤ 42 + 2 =

⑥ 72 + 5 =

⑦ 82 + 4 =

⑧ 56 + 1 =

⑨ 36 + 2 =

⑩ 45 + 3 =

⑪ 21 + 8 =

⑫ 56 + 3 =

⑬ 74 + 4 =

⑭ 22 + 5 =

⑮ 94 + 2 =

⑯ 63 + 3 =

⑰ 31 + 5 =

⑱ $20+8=$ ☐☐

⑲ $70+3=$ ☐☐

⑳ $32+5=$ ☐☐

㉑ $41+5=$ ☐☐

㉒ $62+4=$ ☐☐

㉓ $82+7=$ ☐☐

㉔ $92+2=$ ☐☐

㉕ $35+4=$ ☐☐

㉖ $58+1=$ ☐☐

㉗ $24+2=$ ☐☐

㉘ $81+5=$ ☐☐

㉙ $96+3=$ ☐☐

㉚ $1+28=$ ☐☐

㉛ $2+46=$ ☐☐

㉜ $8+71=$ ☐☐

㉝ $3+63=$ ☐☐

㉞ $2+55=$ ☐☐

㉟ $1+37=$ ☐☐

1차시 (몇십)+(몇), (몇십몇)+(몇) **13**

241016-0065 ~ 241016-0078

❋ **덧셈을 해 보세요.**

연산Key

$$
\begin{array}{r}
7\ 3 \\
+\quad 4 \\
\hline
7\ 7
\end{array}
$$

7은 그대로 내려 써요. └──── 3+4=7

5
$$
\begin{array}{r}
5\ 1 \\
+\quad 4 \\
\hline
\end{array}
$$

10
$$
\begin{array}{r}
4\ 4 \\
+\quad 2 \\
\hline
\end{array}
$$

1
$$
\begin{array}{r}
3\ 0 \\
+\quad 8 \\
\hline
\end{array}
$$

6
$$
\begin{array}{r}
4\ 6 \\
+\quad 3 \\
\hline
\end{array}
$$

11
$$
\begin{array}{r}
9\ 2 \\
+\quad 7 \\
\hline
\end{array}
$$

2
$$
\begin{array}{r}
5\ 3 \\
+\quad 4 \\
\hline
\end{array}
$$

7
$$
\begin{array}{r}
6\ 2 \\
+\quad 6 \\
\hline
\end{array}
$$

12
$$
\begin{array}{r}
3\ 3 \\
+\quad 5 \\
\hline
\end{array}
$$

3
$$
\begin{array}{r}
2\ 7 \\
+\quad 2 \\
\hline
\end{array}
$$

8
$$
\begin{array}{r}
8\ 7 \\
+\quad 2 \\
\hline
\end{array}
$$

13
$$
\begin{array}{r}
2\ 1 \\
+\quad 4 \\
\hline
\end{array}
$$

4
$$
\begin{array}{r}
4\ 3 \\
+\quad 5 \\
\hline
\end{array}
$$

9
$$
\begin{array}{r}
9\ 5 \\
+\quad 3 \\
\hline
\end{array}
$$

14
$$
\begin{array}{r}
7\ 1 \\
+\quad 5 \\
\hline
\end{array}
$$

일의 자리끼리 더한 수를 십의 자리에 쓰지 않도록 주의해요.

241016-0079 ~ 241016-0093

⑮
```
  8 0
+   1
```

⑳
```
  9 3
+   3
```

㉕
```
    2
+ 6 6
```

⑯
```
  4 5
+   2
```

㉑
```
  5 6
+   2
```

㉖
```
    3
+ 2 5
```

⑰
```
  7 3
+   6
```

㉒
```
  8 3
+   2
```

㉗
```
    1
+ 5 6
```

⑱
```
  2 2
+   4
```

㉓
```
  3 1
+   6
```

㉘
```
    4
+ 3 4
```

⑲
```
  5 3
+   5
```

㉔
```
  6 2
+   5
```

㉙
```
    3
+ 7 6
```

241016-0094 ~ 241016-0110

❋ **덧셈을 해 보세요.**

연산Key

7은 그대로 써요.

$$72+4=76$$

2+4=6

① $20+9$

② $32+4$

③ $47+1$

④ $62+2$

⑤ $54+5$

⑥ $26+2$

⑦ $64+5$

⑧ $42+6$

⑨ $73+4$

⑩ $37+2$

⑪ $82+3$

⑫ $92+6$

⑬ $53+3$

⑭ $36+1$

⑮ $85+4$

⑯ $21+7$

⑰ $76+2$

241016-0111 ~ 241016-0128

⑱ 66+3

⑲ 28+1

⑳ 72+3

㉑ 93+2

㉒ 55+1

㉓ 43+4

㉔ 40+9

㉕ 82+6

㉖ 31+8

㉗ 63+2

㉘ 95+4

㉙ 27+1

㉚ 7+22

㉛ 3+75

㉜ 7+52

㉝ 4+33

㉞ 3+42

㉟ 4+94

241016-0129 ~ 241016-0142

❋ 빈칸에 알맞은 수를 써넣으세요.

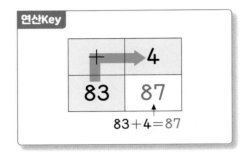

연산Key

+	4
83	87

83+4=87

5

+	4
30	

10

+	1
45	

1

+	1
24	

6

+	3
64	

11

+	4
75	

2

+	2
52	

7

+	2
35	

12

+	5
82	

3

+	6
72	

8

+	2
47	

13

+	4
55	

4

+	4
92	

9

+	2
25	

14

+	2
96	

(몇)에 (몇십몇)을 더해도 계산 결과는 똑같아요.

241016-0143 ~ 241016-0157

⑮
+	5
24	

⑯
+	4
54	

⑰
+	9
60	

⑱
+	3
85	

⑲
+	1
38	

⑳
+	4
45	

㉑
+	7
72	

㉒
+	3
34	

㉓
+	2
97	

㉔
+	5
23	

㉕
+	2
57	

㉖
+	5
63	

㉗
+	3
83	

㉘
+	2
74	

㉙
+	4
65	

연산 2차시

(몇십)+(몇십), (몇십몇)+(몇십몇)

학습목표

1 받아올림이 없는 (몇십)+(몇십), (몇십몇)+(몇십몇)을 세로셈으로 계산하기

2 받아올림이 없는 (몇십)+(몇십), (몇십몇)+(몇십몇)을 가로셈으로 계산하기

두 자리 수와 한 자리 수의 덧셈과는 뭐가 다를까?
두 자리 수끼리의 덧셈은 일의 자리와 십의 자리를 각각 계산한 다음
각 자리에 계산한 값을 써야 해.
자, 그럼 시작해 보자!

❶ **(몇십)＋(몇십), (몇십몇)＋(몇십몇)을 그림으로 이해해 보아요.**

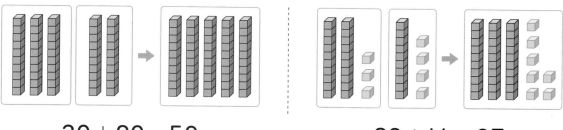

$$30+20=50 \qquad 23+14=37$$

➡ 낱개의 수끼리, 10개씩 묶음의 수끼리 더합니다.

❷ **(몇십몇)＋(몇십몇)을 세로셈으로 계산해 보아요.**

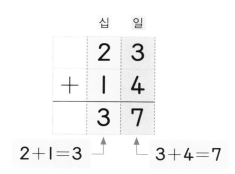

$2+1=3 \qquad 3+4=7$

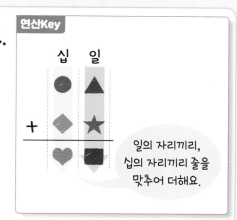

연산Key

일의 자리끼리, 십의 자리끼리 줄을 맞추어 더해요.

➡ 일의 자리끼리 더한 수는 일의 자리에 쓰고, 십의 자리끼리 더한 수는 십의 자리에 씁니다.

❸ **(몇십몇)＋(몇십몇)을 가로셈으로 계산해 보아요.**

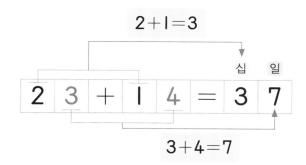

$2+1=3$

$3+4=7$

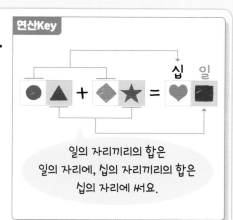

연산Key

일의 자리끼리의 합은 일의 자리에, 십의 자리끼리의 합은 십의 자리에 써요.

➡ 일의 자리끼리 더한 수는 일의 자리에 쓰고, 십의 자리끼리 더한 수는 십의 자리에 씁니다.

이해 안 되는 내용이 있으면 **한번 더** 공부하고 연산력 키우기로 넘어가세요.

241016-0158 ~ 241016-0171

❁ 덧셈을 해 보세요.

연산Key

```
      4  2
   +  2  3
   ─────────
      6  5
4+2        2+3
=6          =5
```

⑤
```
      2  3
   +  1  4
   ─────────
```

⑩
```
      2  1
   +  3  5
   ─────────
```

①
```
      1  0
   +  3  0
   ─────────
```

⑥
```
      3  2
   +  2  6
   ─────────
```

⑪
```
      7  0
   +  2  0
   ─────────
```

②
```
      2  0
   +  6  0
   ─────────
```

⑦
```
      5  2
   +  1  4
   ─────────
```

⑫
```
      3  4
   +  5  1
   ─────────
```

③
```
      3  4
   +  3  0
   ─────────
```

⑧
```
      6  1
   +  2  5
   ─────────
```

⑬
```
      4  5
   +  3  3
   ─────────
```

④
```
      5  0
   +  3  6
   ─────────
```

⑨
```
      6  0
   +  2  9
   ─────────
```

⑭
```
      8  4
   +  1  5
   ─────────
```

⑮
$$\begin{array}{r} 1\ 6 \\ +\ 2\ 1 \\ \hline \end{array}$$

⑯
$$\begin{array}{r} 4\ 0 \\ +\ 1\ 9 \\ \hline \end{array}$$

⑰
$$\begin{array}{r} 3\ 0 \\ +\ 6\ 0 \\ \hline \end{array}$$

⑱
$$\begin{array}{r} 4\ 0 \\ +\ 4\ 7 \\ \hline \end{array}$$

⑲
$$\begin{array}{r} 6\ 4 \\ +\ 1\ 2 \\ \hline \end{array}$$

⑳
$$\begin{array}{r} 3\ 1 \\ +\ 2\ 4 \\ \hline \end{array}$$

㉑
$$\begin{array}{r} 5\ 7 \\ +\ 4\ 0 \\ \hline \end{array}$$

㉒
$$\begin{array}{r} 2\ 0 \\ +\ 4\ 8 \\ \hline \end{array}$$

㉓
$$\begin{array}{r} 7\ 4 \\ +\ 1\ 5 \\ \hline \end{array}$$

㉔
$$\begin{array}{r} 1\ 3 \\ +\ 4\ 4 \\ \hline \end{array}$$

㉕
$$\begin{array}{r} 2\ 2 \\ +\ 2\ 4 \\ \hline \end{array}$$

㉖
$$\begin{array}{r} 4\ 3 \\ +\ 5\ 1 \\ \hline \end{array}$$

㉗
$$\begin{array}{r} 3\ 3 \\ +\ 4\ 5 \\ \hline \end{array}$$

㉘
$$\begin{array}{r} 5\ 1 \\ +\ 1\ 3 \\ \hline \end{array}$$

㉙
$$\begin{array}{r} 8\ 2 \\ +\ 1\ 6 \\ \hline \end{array}$$

241016-0187 ~ 241016-0203

❀ 덧셈을 해 보세요.

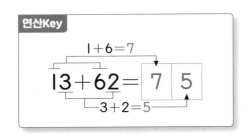

① 20+30 = ☐☐

② 16+21 = ☐☐

③ 31+13 = ☐☐

④ 50+18 = ☐☐

⑤ 40+40 = ☐☐

⑥ 14+42 = ☐☐

⑦ 62+37 = ☐☐

⑧ 25+20 = ☐☐

⑨ 46+41 = ☐☐

⑩ 34+45 = ☐☐

⑪ 12+53 = ☐☐

⑫ 32+36 = ☐☐

⑬ 22+71 = ☐☐

⑭ 46+23 = ☐☐

⑮ 16+72 = ☐☐

⑯ 83+14 = ☐☐

⑰ 55+23 = ☐☐

⑱ $16+50=\boxed{}$

⑲ $26+21=\boxed{}$

⑳ $40+47=\boxed{}$

㉑ $52+32=\boxed{}$

㉒ $37+30=\boxed{}$

㉓ $61+18=\boxed{}$

㉔ $36+22=\boxed{}$

㉕ $44+33=\boxed{}$

㉖ $24+32=\boxed{}$

㉗ $54+41=\boxed{}$

㉘ $62+26=\boxed{}$

㉙ $21+16=\boxed{}$

㉚ $23+64=\boxed{}$

㉛ $73+22=\boxed{}$

㉜ $12+25=\boxed{}$

㉝ $56+12=\boxed{}$

㉞ $32+57=\boxed{}$

㉟ $80+16=\boxed{}$

241016-0222 ~ 241016-0235

❋ **덧셈을 해 보세요.**

연산Key

$$
\begin{array}{r}
2\ 4 \\
+\ 6\ 1 \\
\hline
8\ 5
\end{array}
$$

2+6=8 ⟶ ⟵ 4+1=5

①
$$
\begin{array}{r}
2\ 0 \\
+\ 3\ 0 \\
\hline
\end{array}
$$

②
$$
\begin{array}{r}
1\ 4 \\
+\ 2\ 3 \\
\hline
\end{array}
$$

③
$$
\begin{array}{r}
4\ 0 \\
+\ 1\ 9 \\
\hline
\end{array}
$$

④
$$
\begin{array}{r}
3\ 4 \\
+\ 1\ 3 \\
\hline
\end{array}
$$

⑤
$$
\begin{array}{r}
3\ 5 \\
+\ 3\ 2 \\
\hline
\end{array}
$$

⑥
$$
\begin{array}{r}
4\ 1 \\
+\ 3\ 2 \\
\hline
\end{array}
$$

⑦
$$
\begin{array}{r}
5\ 3 \\
+\ 3\ 2 \\
\hline
\end{array}
$$

⑧
$$
\begin{array}{r}
2\ 4 \\
+\ 5\ 1 \\
\hline
\end{array}
$$

⑨
$$
\begin{array}{r}
3\ 2 \\
+\ 2\ 3 \\
\hline
\end{array}
$$

⑩
$$
\begin{array}{r}
2\ 7 \\
+\ 1\ 1 \\
\hline
\end{array}
$$

⑪
$$
\begin{array}{r}
1\ 2 \\
+\ 5\ 7 \\
\hline
\end{array}
$$

⑫
$$
\begin{array}{r}
4\ 6 \\
+\ 5\ 0 \\
\hline
\end{array}
$$

⑬
$$
\begin{array}{r}
3\ 2 \\
+\ 4\ 3 \\
\hline
\end{array}
$$

⑭
$$
\begin{array}{r}
8\ 4 \\
+\ 1\ 3 \\
\hline
\end{array}
$$

⑮
$$\begin{array}{r} 2\ 5 \\ +\ 1\ 3 \\ \hline \end{array}$$

⑳
$$\begin{array}{r} 1\ 7 \\ +\ 6\ 1 \\ \hline \end{array}$$

㉕
$$\begin{array}{r} 8\ 3 \\ +\ 1\ 5 \\ \hline \end{array}$$

⑯
$$\begin{array}{r} 1\ 6 \\ +\ 1\ 3 \\ \hline \end{array}$$

㉑
$$\begin{array}{r} 5\ 4 \\ +\ 2\ 5 \\ \hline \end{array}$$

㉖
$$\begin{array}{r} 4\ 5 \\ +\ 3\ 3 \\ \hline \end{array}$$

⑰
$$\begin{array}{r} 4\ 3 \\ +\ 1\ 6 \\ \hline \end{array}$$

㉒
$$\begin{array}{r} 2\ 3 \\ +\ 4\ 1 \\ \hline \end{array}$$

㉗
$$\begin{array}{r} 3\ 6 \\ +\ 6\ 1 \\ \hline \end{array}$$

⑱
$$\begin{array}{r} 6\ 0 \\ +\ 3\ 0 \\ \hline \end{array}$$

㉓
$$\begin{array}{r} 5\ 1 \\ +\ 1\ 7 \\ \hline \end{array}$$

㉘
$$\begin{array}{r} 4\ 3 \\ +\ 4\ 6 \\ \hline \end{array}$$

⑲
$$\begin{array}{r} 4\ 2 \\ +\ 4\ 3 \\ \hline \end{array}$$

㉔
$$\begin{array}{r} 2\ 5 \\ +\ 5\ 0 \\ \hline \end{array}$$

㉙
$$\begin{array}{r} 7\ 6 \\ +\ 2\ 2 \\ \hline \end{array}$$

✿ 덧셈을 해 보세요.

241016-0251 ~ 241016-0267

연산Key

$$3+1=4$$
$$35+14=49$$
$$5+4=9$$

① $17+52$

② $20+74$

③ $36+50$

④ $40+33$

⑤ $53+35$

⑥ $22+27$

⑦ $31+25$

⑧ $43+52$

⑨ $14+14$

⑩ $54+15$

⑪ $23+34$

⑫ $12+53$

⑬ $57+41$

⑭ $63+16$

⑮ $37+62$

⑯ $48+41$

⑰ $19+80$

⑱ $25+31$

⑲ $22+23$

⑳ $50+16$

㉑ $41+45$

㉒ $32+16$

㉓ $62+37$

㉔ $52+31$

㉕ $73+12$

㉖ $85+11$

㉗ $34+42$

㉘ $44+55$

㉙ $15+41$

㉚ $43+25$

㉛ $33+61$

㉜ $72+26$

㉝ $12+64$

㉞ $27+42$

㉟ $51+24$

241016-0286 ~ 241016-0299

✿ 빈칸에 알맞은 수를 써넣으세요.

연산Key

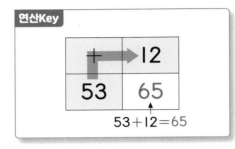

53+12=65

1

+	60
10	

2

+	23
20	

3

+	11
34	

4

+	13
83	

5

+	32
65	

6

+	46
21	

7

+	22
45	

8

+	24
52	

9

+	25
14	

10

+	25
33	

11

+	42
35	

12

+	31
54	

13

+	74
23	

14

+	51
43	

화살표 방향으로 더한 수를 빈칸에 써넣어요.

학습 점검	학습 날짜		걸린 시간		맞은 개수
	월	일	분	초	

241016-0300 ~ 241016-0314

⑮

+	23
15	

⑯

+	11
27	

⑰

+	24
32	

⑱

+	13
41	

⑲

+	22
64	

⑳

+	31
22	

㉑

+	71
13	

㉒

+	26
41	

㉓

+	31
37	

㉔

+	36
51	

㉕

+	34
42	

㉖

+	50
45	

㉗

+	28
51	

㉘

+	52
17	

㉙

+	13
82	

2차시 (몇십)+(몇십), (몇십몇)+(몇십몇) 31

(몇십몇)-(몇)

학습목표

❶ 받아내림이 없는 (몇십몇)−(몇)을 세로셈으로
　계산하기

❷ 받아내림이 없는 (몇십몇)−(몇)을 가로셈으로
　계산하기

두 자리 수와 한 자리 수의 뺄셈은 두 자리 수와 한 자리 수의 덧셈 원리와
같아. 십의 자리 수는 그대로 두고, 일의 자리끼리 계산하는 거야.
자, 그럼 두 자리 수와 한 자리 수의 뺄셈을 시작해 보자!

❶ (몇십몇)−(몇)을 그림으로 이해해 보아요.

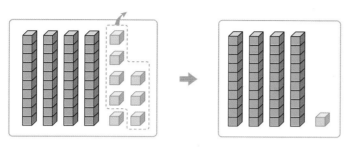

$$48 - 7 = 41$$

➡ 낱개의 수끼리 빼고, 10개씩 묶음의 수는 그대로 씁니다.

❷ (몇십몇)−(몇)을 세로셈으로 계산해 보아요.

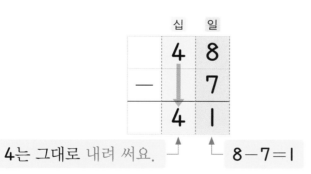

4는 그대로 내려 써요.　　8−7=1

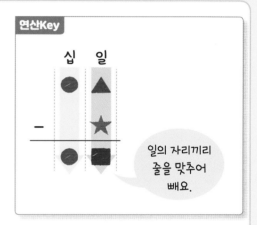

연산Key

십　일

일의 자리끼리 줄을 맞추어 빼요.

➡ 일의 자리끼리 뺀 수는 일의 자리에 쓰고, 십의 자리 수는 그대로 내려 씁니다.

❸ (몇십몇)−(몇)을 가로셈으로 계산해 보아요.

4는 십의 자리에

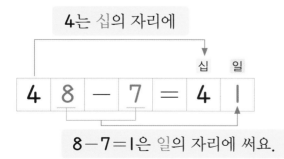

8−7=1은 일의 자리에 써요.

연산Key

십　일

일의 자리끼리 뺀 수는 일의 자리에, 십의 자리 수는 십의 자리에 써요.

➡ 일의 자리끼리 뺀 수는 일의 자리에 쓰고, 십의 자리 수는 십의 자리에 씁니다.

이해 안 되는 내용이 있으면 **한번 더** 공부하고 연산력 키우기로 넘어가세요.

241016-0315 ~ 241016-0328

❋ 뺄셈을 해 보세요.

연산Key

```
      2  8
   -     5
   ─────────
      2  3
```

2는 그대로 내려 써요.   8-5 =3

1
```
      2  1
   -     1
   ─────────
```

2
```
      3  6
   -     6
   ─────────
```

3
```
      4  7
   -     4
   ─────────
```

4
```
      3  7
   -     3
   ─────────
```

5
```
      6  6
   -     5
   ─────────
```

6
```
      7  8
   -     4
   ─────────
```

7
```
      8  2
   -     1
   ─────────
```

8
```
      9  6
   -     2
   ─────────
```

9
```
      2  6
   -     4
   ─────────
```

10
```
      4  8
   -     7
   ─────────
```

11
```
      5  9
   -     4
   ─────────
```

12
```
      6  7
   -     3
   ─────────
```

13
```
      7  3
   -     2
   ─────────
```

14
```
      8  5
   -     4
   ─────────
```

일의 자리끼리 뺀 수는 일의 자리에, 십의 자리 수는 십의 자리에 줄을 맞춰 써요.

학습점검	학습 날짜		걸린 시간		맞은 개수
	월	일	분	초	

241016-0329 ~ 241016-0343

⑮
```
    2 5
  -   2
  ─────
```

⑯
```
    3 8
  -   3
  ─────
```

⑰
```
    4 7
  -   1
  ─────
```

⑱
```
    5 6
  -   2
  ─────
```

⑲
```
    6 8
  -   6
  ─────
```

⑳
```
    4 9
  -   7
  ─────
```

㉑
```
    5 4
  -   2
  ─────
```

㉒
```
    8 5
  -   2
  ─────
```

㉓
```
    9 6
  -   5
  ─────
```

㉔
```
    3 7
  -   4
  ─────
```

㉕
```
    6 9
  -   5
  ─────
```

㉖
```
    5 8
  -   5
  ─────
```

㉗
```
    7 8
  -   8
  ─────
```

㉘
```
    8 9
  -   3
  ─────
```

㉙
```
    9 8
  -   7
  ─────
```

241016-0344 ~ 241016-0360

❋ **뺄셈을 해 보세요.**

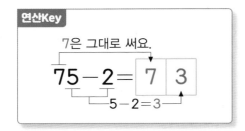

연산Key

7은 그대로 써요.

$75 - 2 =$ | 7 | 3 |

$5 - 2 = 3$

① $24 - 3 =$ ☐☐

② $43 - 1 =$ ☐☐

③ $34 - 4 =$ ☐☐

④ $52 - 1 =$ ☐☐

⑤ $67 - 2 =$ ☐☐

⑥ $35 - 2 =$ ☐☐

⑦ $63 - 1 =$ ☐☐

⑧ $27 - 2 =$ ☐☐

⑨ $98 - 3 =$ ☐☐

⑩ $57 - 4 =$ ☐☐

⑪ $48 - 5 =$ ☐☐

⑫ $29 - 3 =$ ☐☐

⑬ $48 - 8 =$ ☐☐

⑭ $79 - 6 =$ ☐☐

⑮ $56 - 5 =$ ☐☐

⑯ $38 - 7 =$ ☐☐

⑰ $88 - 4 =$ ☐☐

⑱ $45 - 3 =$ ☐☐

⑲ $32 - 1 =$ ☐☐

⑳ $28 - 6 =$ ☐☐

㉑ $73 - 1 =$ ☐☐

㉒ $44 - 2 =$ ☐☐

㉓ $87 - 3 =$ ☐☐

㉔ $72 - 2 =$ ☐☐

㉕ $69 - 8 =$ ☐☐

㉖ $46 - 4 =$ ☐☐

㉗ $59 - 3 =$ ☐☐

㉘ $29 - 7 =$ ☐☐

㉙ $98 - 6 =$ ☐☐

㉚ $58 - 2 =$ ☐☐

㉛ $29 - 8 =$ ☐☐

㉜ $49 - 7 =$ ☐☐

㉝ $86 - 5 =$ ☐☐

㉞ $77 - 5 =$ ☐☐

㉟ $39 - 9 =$ ☐☐

241016-0379 ~ 241016-0392

❋ 뺄셈을 해 보세요.

연산Key

$$
\begin{array}{r}
6\ 7 \\
-\ 2 \\
\hline
6\ 5
\end{array}
$$

6은 그대로 내려 써요. → 6
└ 7−2=5

①
$$
\begin{array}{r}
2\ 6 \\
-\ 1 \\
\hline
\end{array}
$$

②
$$
\begin{array}{r}
3\ 9 \\
-\ 3 \\
\hline
\end{array}
$$

③
$$
\begin{array}{r}
5\ 5 \\
-\ 2 \\
\hline
\end{array}
$$

④
$$
\begin{array}{r}
7\ 7 \\
-\ 3 \\
\hline
\end{array}
$$

⑤
$$
\begin{array}{r}
8\ 7 \\
-\ 5 \\
\hline
\end{array}
$$

⑥
$$
\begin{array}{r}
3\ 9 \\
-\ 8 \\
\hline
\end{array}
$$

⑦
$$
\begin{array}{r}
8\ 7 \\
-\ 1 \\
\hline
\end{array}
$$

⑧
$$
\begin{array}{r}
9\ 3 \\
-\ 1 \\
\hline
\end{array}
$$

⑨
$$
\begin{array}{r}
6\ 8 \\
-\ 4 \\
\hline
\end{array}
$$

⑩
$$
\begin{array}{r}
7\ 4 \\
-\ 2 \\
\hline
\end{array}
$$

⑪
$$
\begin{array}{r}
5\ 9 \\
-\ 4 \\
\hline
\end{array}
$$

⑫
$$
\begin{array}{r}
6\ 2 \\
-\ 2 \\
\hline
\end{array}
$$

⑬
$$
\begin{array}{r}
7\ 5 \\
-\ 3 \\
\hline
\end{array}
$$

⑭
$$
\begin{array}{r}
9\ 9 \\
-\ 7 \\
\hline
\end{array}
$$

학습 날짜		걸린 시간		맞은 개수
월	일	분	초	

241016-0393 ~ 241016-0407

⑮
```
  2 8
-   7
```

⑳
```
  8 9
-   1
```

㉕
```
  5 6
-   1
```

⑯
```
  4 8
-   4
```

㉑
```
  9 8
-   4
```

㉖
```
  3 6
-   4
```

⑰
```
  6 9
-   6
```

㉒
```
  4 9
-   9
```

㉗
```
  8 6
-   3
```

⑱
```
  5 7
-   6
```

㉓
```
  8 8
-   7
```

㉘
```
  7 8
-   6
```

⑲
```
  7 9
-   4
```

㉔
```
  9 7
-   4
```

㉙
```
  9 9
-   9
```

1일차 2일차 3일차 4일차 5일차

241016-0408 ~ 241016-0424

❇ 뺄셈을 해 보세요.

연산Key

6은 그대로 써요.

$$69 - 2 = 67$$

$9 - 2 = 7$

⑥ $77 - 7$

⑫ $49 - 3$

① $28 - 1$

⑦ $97 - 1$

⑬ $27 - 3$

② $57 - 1$

⑧ $38 - 5$

⑭ $58 - 4$

③ $78 - 4$

⑨ $29 - 2$

⑮ $59 - 8$

④ $36 - 1$

⑩ $46 - 5$

⑯ $39 - 7$

⑤ $95 - 3$

⑪ $68 - 1$

⑰ $88 - 6$

18 $27 - 4$

19 $58 - 6$

20 $64 - 2$

21 $36 - 3$

22 $89 - 5$

23 $46 - 1$

24 $39 - 4$

25 $47 - 3$

26 $76 - 3$

27 $67 - 5$

28 $26 - 4$

29 $98 - 5$

30 $76 - 5$

31 $29 - 9$

32 $87 - 1$

33 $48 - 6$

34 $69 - 9$

35 $37 - 5$

241016-0443 ~ 241016-0456

❋ 빈 곳에 알맞은 수를 써넣으세요.

연산Key

$$78 \xrightarrow{-1} 77$$

$$78-1=77$$

5
$$96 \xrightarrow{-5} \boxed{}$$

10
$$77 \xrightarrow{-6} \boxed{}$$

1
$$27 \xrightarrow{-6} \boxed{}$$

6
$$57 \xrightarrow{-2} \boxed{}$$

11
$$35 \xrightarrow{-4} \boxed{}$$

2
$$46 \xrightarrow{-2} \boxed{}$$

7
$$74 \xrightarrow{-1} \boxed{}$$

12
$$67 \xrightarrow{-7} \boxed{}$$

3
$$67 \xrightarrow{-4} \boxed{}$$

8
$$27 \xrightarrow{-4} \boxed{}$$

13
$$59 \xrightarrow{-5} \boxed{}$$

4
$$84 \xrightarrow{-3} \boxed{}$$

9
$$49 \xrightarrow{-2} \boxed{}$$

14
$$98 \xrightarrow{-1} \boxed{}$$

화살표 방향으로 뺀 수를 빈 곳에 써넣어요.

⑮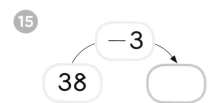

⑯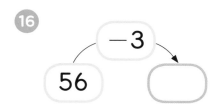

⑰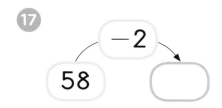

⑱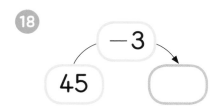

⑲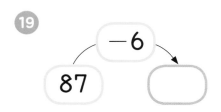

⑳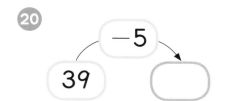

㉑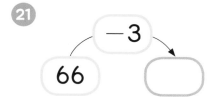

㉒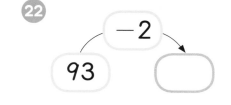

㉓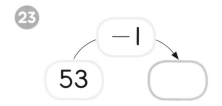

㉔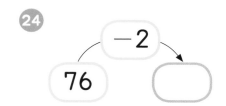

㉕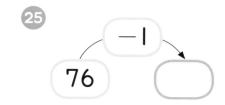

㉖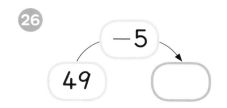

㉗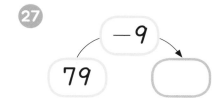

㉘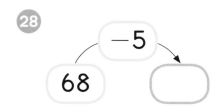

㉙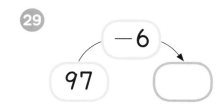

(몇십)–(몇십), (몇십몇)–(몇십몇)

학습목표

❶ 받아내림이 없는 (몇십)–(몇십),
(몇십몇)–(몇십몇)을 세로셈으로 계산하기

❷ 받아내림이 없는 (몇십)–(몇십),
(몇십몇)–(몇십몇)을 가로셈으로 계산하기

두 자리 수와 한 자리 수의 뺄셈은 일의 자리끼리 계산만 집중하면 되었어.
하지만 이번에 공부할 두 자리 수끼리의 뺄셈은 일의 자리와 십의 자리를
각각 계산해 주어야 돼. 자, 그럼 시작해 보자!

❶ (몇십) ― (몇십), (몇십몇) ― (몇십몇)을 그림으로 이해해 보아요.

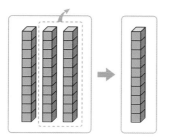

$$30 - 20 = 10$$

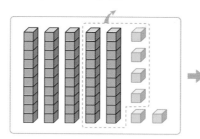

$$56 - 24 = 32$$ ◀ 낱개의 수끼리, 10개씩 묶음의 수끼리 계산해요.

➡ 낱개의 수끼리, 10개씩 묶음의 수끼리 뺍니다.

❷ (몇십몇) ― (몇십몇)을 세로셈으로 계산해 보아요.

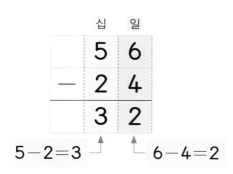

$5-2=3$ $6-4=2$

연산Key

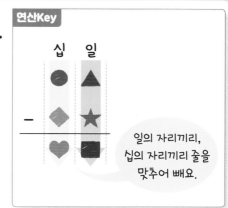

일의 자리끼리, 십의 자리끼리 줄을 맞추어 빼요.

➡ 일의 자리끼리 뺀 수는 일의 자리에 쓰고, 십의 자리끼리 뺀 수는 십의 자리에 씁니다.

❸ (몇십몇) ― (몇십몇)을 가로셈으로 계산해 보아요.

$$5-2=3$$

	십	일
5 6	― 2 4	= 3 2

$$6-4=2$$

연산Key

일의 자리끼리 뺀 수는 일의 자리에, 십의 자리끼리 뺀 수는 십의 자리에 써요.

➡ 일의 자리끼리 뺀 수는 일의 자리에 쓰고, 십의 자리끼리 뺀 수는 십의 자리에 씁니다.

🔎 241016-0472 ~ 241016-0485

✳ **뺄셈을 해 보세요.**

연산Key

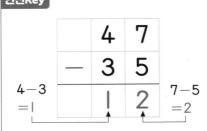

⑤
	3	9
−	1	6

⑩
	6	3
−	3	2

①
	4	0
−	1	0

⑥
	5	7
−	1	5

⑪
	4	7
−	3	1

②
	7	0
−	4	0

⑦
	8	8
−	3	5

⑫
	9	6
−	6	3

③
	2	8
−	1	5

⑧
	7	7
−	1	5

⑬
	5	6
−	3	4

④
	4	5
−	2	1

⑨
	9	3
−	1	3

⑭
	7	8
−	4	4

241016-0486 ~ 241016-0500

⑮
```
    5 0
-   2 0
```

⑳
```
    3 7
-   1 3
```

㉕
```
    4 6
-   3 1
```

⑯
```
    8 0
-   1 0
```

㉑
```
    6 9
-   4 6
```

㉖
```
    6 7
-   2 5
```

⑰
```
    9 0
-   5 0
```

㉒
```
    7 2
-   1 2
```

㉗
```
    5 9
-   3 8
```

⑱
```
    4 2
-   1 0
```

㉓
```
    5 6
-   4 2
```

㉘
```
    8 7
-   4 2
```

⑲
```
    8 6
-   5 4
```

㉔
```
    9 7
-   2 5
```

㉙
```
    9 9
-   1 2
```

241016-0501 ~ 241016-0517

✿ 뺄셈을 해 보세요.

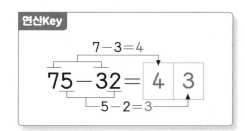

1 50-30=☐☐

2 70-50=☐☐

3 90-10=☐☐

4 26-14=☐☐

5 34-12=☐☐

6 66-14=☐☐

7 76-23=☐☐

8 58-25=☐☐

9 98-18=☐☐

10 43-12=☐☐

11 88-65=☐☐

12 86-43=☐☐

13 48-32=☐☐

14 94-62=☐☐

15 67-55=☐☐

16 54-33=☐☐

17 79-58=☐☐

18 $50 - 40 = \boxed{}$

24 $64 - 43 = \boxed{}$

30 $58 - 13 = \boxed{}$

19 $49 - 14 = \boxed{}$

25 $37 - 22 = \boxed{}$

31 $77 - 62 = \boxed{}$

20 $80 - 60 = \boxed{}$

26 $59 - 45 = \boxed{}$

32 $98 - 32 = \boxed{}$

21 $57 - 27 = \boxed{}$

27 $78 - 24 = \boxed{}$

33 $45 - 22 = \boxed{}$

22 $63 - 21 = \boxed{}$

28 $46 - 31 = \boxed{}$

34 $68 - 56 = \boxed{}$

23 $92 - 12 = \boxed{}$

29 $95 - 54 = \boxed{}$

35 $89 - 74 = \boxed{}$

241016-0536 ~ 241016-0549

❀ **뺄셈을 해 보세요.**

연산Key

$$
\begin{array}{r}
5\ 7 \\
-\ 3\ 4 \\
\hline
2\ 3
\end{array}
$$

5−3=2 ⟶ ⟵ 7−4=3

1
$$
\begin{array}{r}
6\ 0 \\
-\ 5\ 0 \\
\hline
\end{array}
$$

2
$$
\begin{array}{r}
2\ 7 \\
-\ 1\ 3 \\
\hline
\end{array}
$$

3
$$
\begin{array}{r}
5\ 3 \\
-\ 1\ 1 \\
\hline
\end{array}
$$

4
$$
\begin{array}{r}
8\ 7 \\
-\ 1\ 6 \\
\hline
\end{array}
$$

5
$$
\begin{array}{r}
3\ 6 \\
-\ 2\ 5 \\
\hline
\end{array}
$$

6
$$
\begin{array}{r}
7\ 7 \\
-\ 2\ 6 \\
\hline
\end{array}
$$

7
$$
\begin{array}{r}
9\ 6 \\
-\ 5\ 2 \\
\hline
\end{array}
$$

8
$$
\begin{array}{r}
6\ 6 \\
-\ 2\ 3 \\
\hline
\end{array}
$$

9
$$
\begin{array}{r}
9\ 5 \\
-\ 7\ 2 \\
\hline
\end{array}
$$

10
$$
\begin{array}{r}
9\ 0 \\
-\ 3\ 0 \\
\hline
\end{array}
$$

11
$$
\begin{array}{r}
5\ 7 \\
-\ 2\ 0 \\
\hline
\end{array}
$$

12
$$
\begin{array}{r}
6\ 7 \\
-\ 1\ 2 \\
\hline
\end{array}
$$

13
$$
\begin{array}{r}
8\ 9 \\
-\ 4\ 4 \\
\hline
\end{array}
$$

14
$$
\begin{array}{r}
7\ 8 \\
-\ 3\ 5 \\
\hline
\end{array}
$$

일의 자리끼리 뺀 수는 일의 자리에, 십의 자리끼리 뺀 수는 십의 자리에 써요.

학습 점검	학습 날짜	걸린 시간	맞은 개수
	월 일	분 초	

241016-0550 ~ 241016-0564

⑮
$$\begin{array}{r} 70 \\ -\ 30 \\ \hline \end{array}$$

⑯
$$\begin{array}{r} 48 \\ -\ 27 \\ \hline \end{array}$$

⑰
$$\begin{array}{r} 65 \\ -\ 44 \\ \hline \end{array}$$

⑱
$$\begin{array}{r} 83 \\ -\ 41 \\ \hline \end{array}$$

⑲
$$\begin{array}{r} 89 \\ -\ 67 \\ \hline \end{array}$$

⑳
$$\begin{array}{r} 95 \\ -\ 83 \\ \hline \end{array}$$

㉑
$$\begin{array}{r} 77 \\ -\ 54 \\ \hline \end{array}$$

㉒
$$\begin{array}{r} 80 \\ -\ 60 \\ \hline \end{array}$$

㉓
$$\begin{array}{r} 45 \\ -\ 14 \\ \hline \end{array}$$

㉔
$$\begin{array}{r} 54 \\ -\ 41 \\ \hline \end{array}$$

㉕
$$\begin{array}{r} 44 \\ -\ 31 \\ \hline \end{array}$$

㉖
$$\begin{array}{r} 55 \\ -\ 23 \\ \hline \end{array}$$

㉗
$$\begin{array}{r} 79 \\ -\ 69 \\ \hline \end{array}$$

㉘
$$\begin{array}{r} 67 \\ -\ 34 \\ \hline \end{array}$$

㉙
$$\begin{array}{r} 98 \\ -\ 73 \\ \hline \end{array}$$

1일차 2일차 3일차 4일차 5일차

241016-0565 ~ 241016-0581

✻ 뺄셈을 해 보세요.

연산Key

$$8-7=1$$
$$85-71=14$$
$$5-1=4$$

① 60 - 40

② 25 - 12

③ 47 - 31

④ 38 - 24

⑤ 89 - 58

⑥ 48 - 13

⑦ 97 - 84

⑧ 66 - 25

⑨ 80 - 50

⑩ 79 - 18

⑪ 56 - 31

⑫ 96 - 22

⑬ 59 - 16

⑭ 49 - 23

⑮ 88 - 34

⑯ 58 - 46

⑰ 74 - 31

같은 자리끼리 뺀 수는 각 자리에 써요.

241016-0582 ~ 241016-0599

⑱ 80-40

⑲ 39-15

⑳ 53-22

㉑ 87-64

㉒ 45-12

㉓ 90-70

㉔ 69-58

㉕ 88-76

㉖ 46-22

㉗ 98-64

㉘ 73-51

㉙ 57-43

㉚ 82-61

㉛ 49-34

㉜ 52-30

㉝ 97-42

㉞ 68-47

㉟ 89-18

241016-0600 ~ 241016-0613

✿ 빈 곳에 알맞은 수를 써넣으세요.

연산Key

57 -26→ 31

57-26=31

1
60 -20→ ◯

2
65 -53→ ◯

3
23 -11→ ◯

4
86 -72→ ◯

5
79 -27→ ◯

6
96 -24→ ◯

7
47 -23→ ◯

8
70 -60→ ◯

9
37 -22→ ◯

10
46 -35→ ◯

11
58 -37→ ◯

12
84 -20→ ◯

13
65 -11→ ◯

14
92 -51→ ◯

화살표 방향으로 뺀 수를 빈 곳에 써넣어요.

241016-0614 ~ 241016-0628

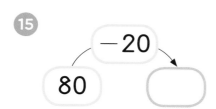

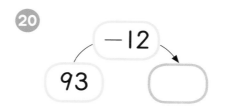

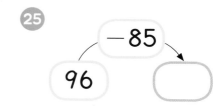

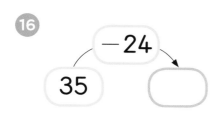

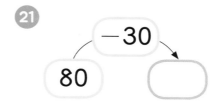

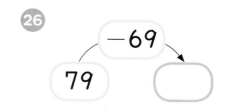

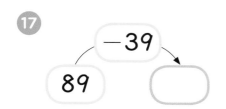

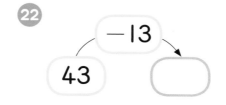

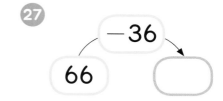

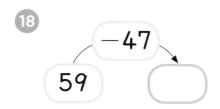

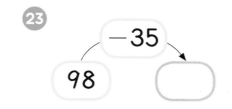

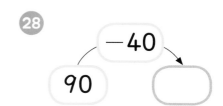

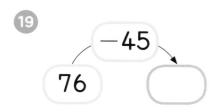

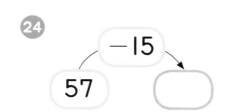

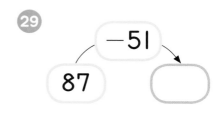

세 수의 덧셈과 뺄셈

❶ 세 수의 덧셈과 뺄셈을 세로셈으로 익히기

❷ 세 수의 덧셈과 뺄셈을 가로셈으로 익히기

세 수의 계산은 덧셈이나 뺄셈을 연달아 2번 해야 하는 계산이라 어렵다고 생각되겠지만 계산 순서만 잘 기억하면 어렵지 않아.
자, 그럼 시작해 볼까?

❶ 세 수의 덧셈을 해 보아요.

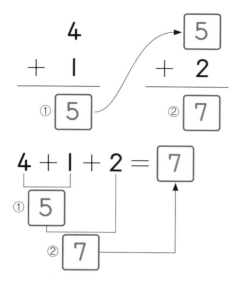

➡ 앞의 두 수를 더해 나온 수에 나머지 한 수를 더합니다.

연산Key

$$4 + 1 + 2 = 7$$
① 5
② 7

$$4 + 1 + 2 = 7$$
① 3
② 7

세 수의 덧셈은
계산 순서를 바꾸어 더해도
결과가 같아요.

❷ 세 수의 뺄셈을 해 보아요.

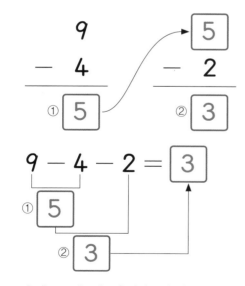

➡ 앞의 두 수의 뺄셈을 하여 나온 수에서 나머지 한 수를 뺍니다.

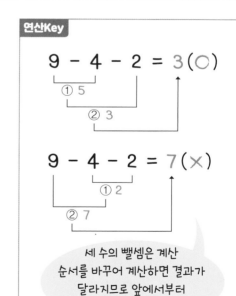

연산Key

$$9 - 4 - 2 = 3 (\bigcirc)$$
① 5
② 3

$$9 - 4 - 2 = 7 (\times)$$
① 2
② 7

세 수의 뺄셈은 계산
순서를 바꾸어 계산하면 결과가
달라지므로 앞에서부터
차례로 계산해요.

이해 안 되는 내용이 있으면 **한번 더** 공부하고 연산력 키우기로 넘어가세요.

241016-0629 ~ 241016-0635

✳ **계산해 보세요.**

연산Key

$$
\begin{array}{r}
2 \\
+\ 4 \\
\hline
\text{①}\ \boxed{6}
\end{array}
\longrightarrow \boxed{6}
\begin{array}{r}
\\
+\ 1 \\
\hline
\text{②}\ \boxed{7}
\end{array}
$$

4
$$
\begin{array}{r}
6 \\
+\ 1 \\
\hline
\boxed{}
\end{array}
\longrightarrow \boxed{}
\begin{array}{r}
\\
+\ 2 \\
\hline
\boxed{}
\end{array}
$$

1
$$
\begin{array}{r}
1 \\
+\ 3 \\
\hline
\boxed{}
\end{array}
\longrightarrow \boxed{}
\begin{array}{r}
\\
+\ 2 \\
\hline
\boxed{}
\end{array}
$$

5
$$
\begin{array}{r}
1 \\
+\ 5 \\
\hline
\boxed{}
\end{array}
\longrightarrow \boxed{}
\begin{array}{r}
\\
+\ 3 \\
\hline
\boxed{}
\end{array}
$$

2
$$
\begin{array}{r}
4 \\
+\ 1 \\
\hline
\boxed{}
\end{array}
\longrightarrow \boxed{}
\begin{array}{r}
\\
+\ 3 \\
\hline
\boxed{}
\end{array}
$$

6
$$
\begin{array}{r}
3 \\
+\ 3 \\
\hline
\boxed{}
\end{array}
\longrightarrow \boxed{}
\begin{array}{r}
\\
+\ 2 \\
\hline
\boxed{}
\end{array}
$$

3
$$
\begin{array}{r}
2 \\
+\ 2 \\
\hline
\boxed{}
\end{array}
\longrightarrow \boxed{}
\begin{array}{r}
\\
+\ 2 \\
\hline
\boxed{}
\end{array}
$$

7
$$
\begin{array}{r}
2 \\
+\ 3 \\
\hline
\boxed{}
\end{array}
\longrightarrow \boxed{}
\begin{array}{r}
\\
+\ 4 \\
\hline
\boxed{}
\end{array}
$$

앞의 두 수를 더해 나온 수에 나머지 한 수를 더해요.

241016-0636 ~ 241016-0647

⑧ 1+1+4=☐
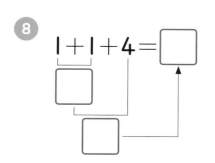

⑫ 3+2+1=☐
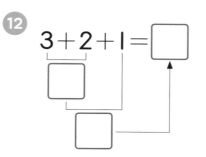

⑯ 2+3+3=☐
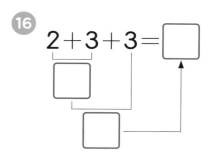

⑨ 1+2+4=☐

⑬ 1+3+5=☐

⑰ 5+2+2=☐
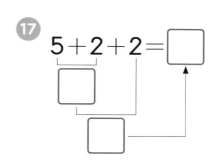

⑩ 2+2+3=☐

⑭ 1+4+3=☐
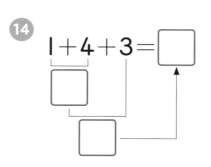

⑱ 1+6+2=☐
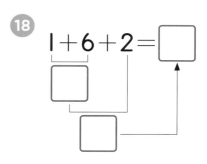

⑪ 3+1+2=☐

⑮ 2+3+2=☐
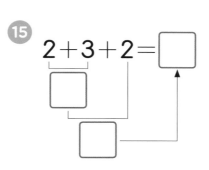

⑲ 4+2+3=☐
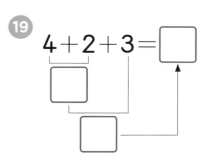

241016-0648 ~ 241016-0654

❋ 계산해 보세요.

연산Key

$$7 - 2 = ①\boxed{5}$$
$$\boxed{5} - 3 = ②\boxed{2}$$

1
$$3 - 1 = \boxed{}$$
$$\boxed{} - 2 = \boxed{}$$

2
$$8 - 3 = \boxed{}$$
$$\boxed{} - 2 = \boxed{}$$

3
$$7 - 3 = \boxed{}$$
$$\boxed{} - 4 = \boxed{}$$

4
$$6 - 3 = \boxed{}$$
$$\boxed{} - 1 = \boxed{}$$

5
$$9 - 1 = \boxed{}$$
$$\boxed{} - 3 = \boxed{}$$

6
$$7 - 1 = \boxed{}$$
$$\boxed{} - 5 = \boxed{}$$

7
$$9 - 7 = \boxed{}$$
$$\boxed{} - 1 = \boxed{}$$

앞의 두 수의 뺄셈을 하여 나온 수에서 나머지 한 수를 빼요.

학습 점검	학습 날짜	걸린 시간	맞은 개수
	월 일	분 초	

241016-0655 ~ 241016-0666

8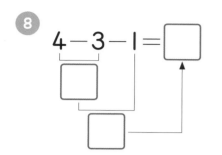
$$4-3-1=\square$$

12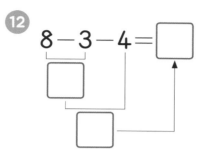
$$8-3-4=\square$$

16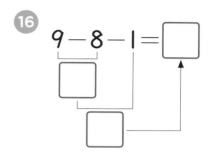
$$9-8-1=\square$$

9
$$5-1-1=\square$$

13
$$9-2-3=\square$$

17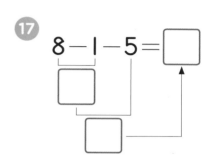
$$8-1-5=\square$$

10
$$6-2-1=\square$$

14
$$7-2-2=\square$$

18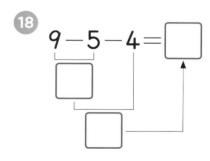
$$9-5-4=\square$$

11
$$8-2-6=\square$$

15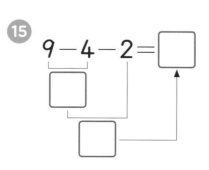
$$9-4-2=\square$$

19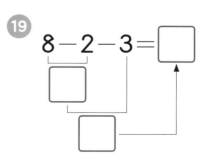
$$8-2-3=\square$$

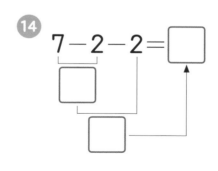

241016-0667 ~ 241016-0683

❋ **계산해 보세요.**

연산Key

$$1+2+6=9$$
①3
②9

① $1+1+3$

② $3+1+3$

③ $5+1+1$

④ $2+5+2$

⑤ $3+3+1$

⑥ $3+2+3$

⑦ $1+2+4$

⑧ $2+1+4$

⑨ $3+2+1$

⑩ $1+3+5$

⑪ $2+2+3$

⑫ $2+3+2$

⑬ $1+3+2$

⑭ $3+3+3$

⑮ $1+4+4$

⑯ $2+3+3$

⑰ $7+1+1$

앞의 두 수를 더해 나온 수에 나머지 한 수를 더해요.

241016-0684 ~ 241016-0701

18 $1+1+4$

19 $2+4+2$

20 $3+1+1$

21 $1+1+6$

22 $2+5+1$

23 $3+2+4$

24 $3+1+5$

25 $1+2+3$

26 $2+4+3$

27 $4+1+4$

28 $1+2+2$

29 $2+1+6$

30 $1+6+1$

31 $2+2+1$

32 $3+4+1$

33 $2+2+2$

34 $6+1+1$

35 $1+5+1$

241016-0702 ~ 241016-0718

✿ **계산해 보세요.**

연산Key

$$9-2-1=6$$
①7
②6

① $3-1-1$

② $4-1-2$

③ $5-1-1$

④ $8-5-1$

⑤ $6-1-1$

⑥ $9-2-7$

⑦ $7-2-2$

⑧ $5-2-3$

⑨ $9-3-2$

⑩ $8-2-4$

⑪ $9-1-6$

⑫ $5-3-1$

⑬ $9-6-2$

⑭ $8-1-2$

⑮ $9-4-1$

⑯ $7-5-1$

⑰ $9-4-3$

⑱ 6−2−2

⑲ 4−1−1

⑳ 8−2−5

㉑ 6−4−1

㉒ 7−1−4

㉓ 9−1−7

㉔ 8−1−4

㉕ 9−3−3

㉖ 6−3−1

㉗ 8−4−3

㉘ 9−5−1

㉙ 5−2−2

㉚ 9−3−5

㉛ 8−2−2

㉜ 7−3−2

㉝ 9−8−1

㉞ 6−1−2

㉟ 7−2−4

241016-0737 ~ 241016-0753

❋ 계산해 보세요.

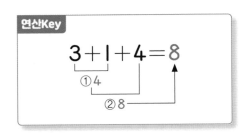

① 1+3+1

② 2+2+4

③ 3+3+2

④ 6+1+1

⑤ 1+1+4

⑥ 1+2+3

⑦ 2+5+2

⑧ 5+1+2

⑨ 1+3+5

⑩ 3+2+2

⑪ 7+1+1

⑫ 4+1+3

⑬ 1+6+2

⑭ 3+4+2

⑮ 1+3+3

⑯ 6+1+2

⑰ 1+4+2

⑱ 6 − 4 − 1

⑲ 5 − 1 − 2

⑳ 4 − 1 − 3

㉑ 8 − 2 − 5

㉒ 9 − 5 − 2

㉓ 8 − 6 − 1

㉔ 9 − 2 − 2

㉕ 7 − 1 − 2

㉖ 8 − 1 − 7

㉗ 9 − 3 − 1

㉘ 6 − 1 − 3

㉙ 9 − 6 − 3

㉚ 9 − 2 − 5

㉛ 8 − 4 − 2

㉜ 9 − 3 − 4

㉝ 9 − 1 − 2

㉞ 9 − 2 − 4

㉟ 9 − 4 − 1

이어 세기로 두 수 더하기

학습목표

① 이어 세기를 이용하여 합이 10이 넘는 두 수 더하기 익히기

② 이어 세기를 바탕으로 두 수 바꾸어 더하기 익히기

합이 10이 넘는 더하기가 처음 나오지만 이어 세기를 이용하여 더하기를 하는 거니까 너무 걱정하지 않아도 돼.
두 수를 바꾸어 더해 보면 두 수를 바꾸어 더해도 합은 같다는 것도 알게 될 거야. 자, 그럼 시작해 볼까?

원리 깨치기

❶ 이어 세기로 두 수를 더해 보아요.

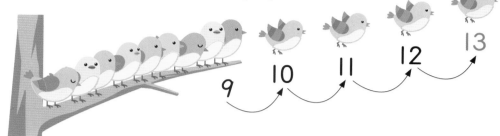

- 9마리 하고 4마리가 더 있으므로 이어 세면 9하고 10, 11, 12, 13입니다.
- 나뭇가지에 있는 새 9마리와 날아가는 새 4마리를 더하면 새는 모두 13마리입니다.

$$9 + 4 = 13$$

❷ 두 수를 바꾸어 더해 보아요.

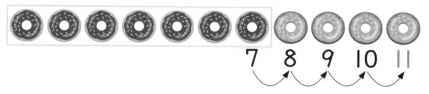

연산Key

$$\blacktriangle + \bullet = \bullet + \blacktriangle$$

두 수를 바꾸어 더해도 합은 같아요.

- 7개 하고 4개가 더 있으므로 이어 세면 7하고 8, 9, 10, 11입니다.

$$7 + 4 = 11$$

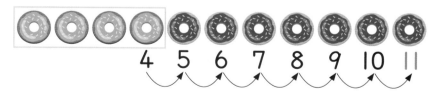

- 4개 하고 7개가 더 있으므로 이어 세면 4하고 5, 6, 7, 8, 9, 10, 11입니다.

$$4 + 7 = 11$$

➡ 7+4와 4+7은 두 수를 바꾸어 더해도 합은 같습니다. 7+4=4+7

이해 안 되는 내용이 있으면 **한번** 더 공부하고 연산력 키우기로 넘어가세요.

241016-0772 ~ 241016-0780

✿ 그림을 보고 □ 안에 알맞은 수를 써넣으세요.

연산Key

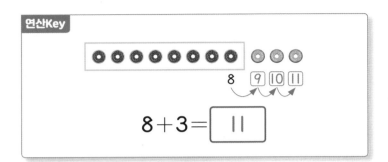

8 ⟶ 9 10 11

$8+3=$ 11

5

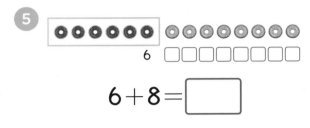

6

$6+8=$ ☐

1

6 ⚫⚫⚫⚫⚫ ◯◯◯◯◯◯◯
5 ☐☐☐☐☐☐☐

$5+7=$ ☐

6

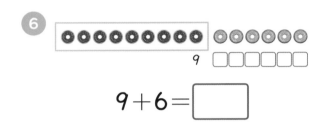

9

$9+6=$ ☐

2

⚫⚫⚫⚫⚫⚫⚫⚫⚫ ◯◯◯◯
9 ☐☐☐☐

$9+4=$ ☐

7

⚫⚫⚫⚫⚫⚫⚫ ◯◯◯◯◯◯
7 ☐☐☐☐☐☐

$7+6=$ ☐

3

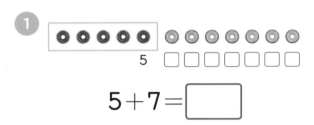

6

$6+6=$ ☐

8

⚫⚫⚫⚫⚫⚫⚫⚫ ◯◯◯◯◯◯◯
8 ☐☐☐☐☐☐☐

$8+7=$ ☐

4

⚫⚫⚫⚫⚫⚫⚫⚫ ◯◯◯◯◯
8 ☐☐☐☐☐

$8+5=$ ☐

9

⚫⚫⚫⚫⚫⚫⚫ ◯◯◯◯◯◯◯
7 ☐☐☐☐☐☐☐

$7+7=$ ☐

그림을 보고 앞의 수에 이어 세면서 덧셈을 해 보세요.

241016-0781 ~ 241016-0790

⑩
5

$5+6=\boxed{}$

⑮
6

$6+5=\boxed{}$

⑪
7

$7+5=\boxed{}$

⑯
3

$3+9=\boxed{}$

⑫
9

$9+2=\boxed{}$

⑰
8

$8+6=\boxed{}$

⑬
8

$8+4=\boxed{}$

⑱
7

$7+8=\boxed{}$

⑭
6

$6+7=\boxed{}$

⑲
9

$9+5=\boxed{}$

241016-0791 ～ 241016-0799

✿ **그림을 보고 두 수를 더해 보세요.**

연산Key

8 9 10 11 12

$8+4=\boxed{12}$

⑤
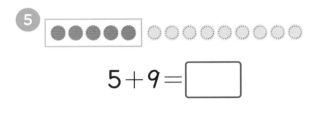

$5+9=\boxed{}$

①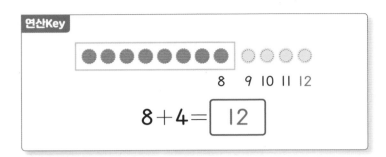

$9+4=\boxed{}$

⑥

$8+5=\boxed{}$

②

$5+7=\boxed{}$

⑦

$7+6=\boxed{}$

③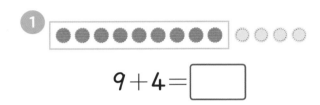

$7+8=\boxed{}$

⑧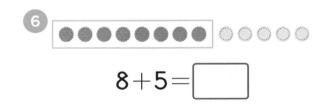

$2+9=\boxed{}$

④

$6+5=\boxed{}$

⑨

$6+8=\boxed{}$

그림을 보고 앞의 수에 이어 세면서 덧셈을 해 보세요.

241016-0800 ~ 241016-0809

10

$3+8=$ ☐

11
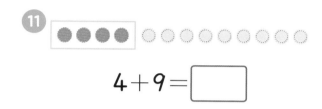

$4+9=$ ☐

12

$5+6=$ ☐

13

$6+9=$ ☐

14

$7+7=$ ☐

15
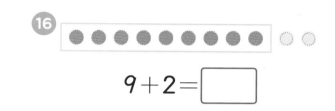

$5+8=$ ☐

16

$9+2=$ ☐

17

$6+6=$ ☐

18
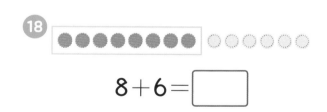

$8+6=$ ☐

19
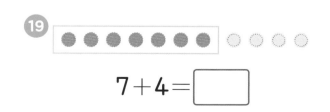

$7+4=$ ☐

1일차
2일차
3일차
4일차
5일차

241016-0810 ~ 241016-0818

✽ 이어 세기로 두 수를 더해 보세요.

연산Key

9 |10| |11| |12| |13|

$9+4=\boxed{13}$

5

7 □ □ □ □

$7+4=\boxed{}$

1

9 □ □ □

$9+3=\boxed{}$

6

9 □ □ □ □ □ □

$9+6=\boxed{}$

2

6 □ □ □ □ □ □ □ □

$6+8=\boxed{}$

7

5 □ □ □ □ □ □ □

$5+7=\boxed{}$

3

8 □ □ □ □

$8+4=\boxed{}$

8

6 □ □ □ □ □

$6+5=\boxed{}$

4

7 □ □ □ □ □ □

$7+6=\boxed{}$

9

8 □ □ □ □ □ □ □

$8+7=\boxed{}$

앞의 수에 이어 세기 하면서 차례로 수를 쓴 후 덧셈을 해 보세요.

241016-0819 ~ 241016-0828

10
8 ☐ ☐ ☐
$8+3=$ ☐

11
6 ☐ ☐ ☐ ☐ ☐ ☐
$6+6=$ ☐

12
5 ☐ ☐ ☐ ☐ ☐ ☐ ☐ ☐
$5+8=$ ☐

13
7 ☐ ☐ ☐ ☐ ☐ ☐ ☐
$7+7=$ ☐

14
9 ☐ ☐ ☐ ☐ ☐
$9+5=$ ☐

15
6 ☐ ☐ ☐ ☐ ☐ ☐ ☐
$6+7=$ ☐

16
5 ☐ ☐ ☐ ☐ ☐ ☐
$5+6=$ ☐

17
8 ☐ ☐ ☐ ☐ ☐
$8+5=$ ☐

18
7 ☐ ☐ ☐ ☐ ☐ ☐ ☐ ☐
$7+8=$ ☐

19
9 ☐ ☐ ☐ ☐ ☐ ☐ ☐
$9+7=$ ☐

1일차 2일차 3일차 4일차 5일차

241016-0829 ~ 241016-0835

✿ 두 수를 바꾸어 더해 보세요.

연산Key

$7+5=\boxed{12}$

$5+7=\boxed{12}$

4

$3+9=\boxed{}$

$9+3=\boxed{}$

1

$5+6=\boxed{}$

$6+5=\boxed{}$

5

$4+9=\boxed{}$

$9+4=\boxed{}$

2

$4+8=\boxed{}$

$8+4=\boxed{}$

6

$8+7=\boxed{}$

$7+8=\boxed{}$

3

$6+7=\boxed{}$

$7+6=\boxed{}$

7

$9+5=\boxed{}$

$5+9=\boxed{}$

두 수를 바꾸어 더해도 합은 같아요.

8

$8+3=\boxed{}$

$3+8=\boxed{}$

12

$9+6=\boxed{}$

$6+9=\boxed{}$

9

$2+9=\boxed{}$

$9+2=\boxed{}$

13

$5+8=\boxed{}$

$8+5=\boxed{}$

10

$7+4=\boxed{}$

$4+7=\boxed{}$

14

$8+9=\boxed{}$

$9+8=\boxed{}$

11

$6+8=\boxed{}$

$8+6=\boxed{}$

15

$9+7=\boxed{}$

$7+9=\boxed{}$

241016-0844 ~ 241016-0850

❀ **두 수를 바꾸어 더해 보세요.**

연산Key

$7+5=\boxed{}$

$5+7=\boxed{}$

4

$5+8=\boxed{}$

$8+5=\boxed{}$

1

$4+8=\boxed{}$

$8+4=\boxed{}$

5

$9+4=\boxed{}$

$4+9=\boxed{}$

2

$3+9=\boxed{}$

$9+3=\boxed{}$

6

$8+7=\boxed{}$

$7+8=\boxed{}$

3

$6+7=\boxed{}$

$7+6=\boxed{}$

7

$9+5=\boxed{}$

$5+9=\boxed{}$

8

$3+8=\boxed{}$

$8+3=\boxed{}$

12

$5+6=\boxed{}$

$6+5=\boxed{}$

9

$4+7=\boxed{}$

$7+4=\boxed{}$

13

$7+9=\boxed{}$

$9+7=\boxed{}$

10

$9+2=\boxed{}$

$2+9=\boxed{}$

14

$8+6=\boxed{}$

$6+8=\boxed{}$

11

$6+9=\boxed{}$

$9+6=\boxed{}$

15

$9+8=\boxed{}$

$8+9=\boxed{}$

10이 되는 덧셈식, 10에서 빼는 뺄셈식

학습목표

❶ 10이 되는 덧셈식과 10에서 빼는 뺄셈식 익히기

❷ 10이 되는 덧셈식에서 더하는 수 구하기

❸ 10에서 빼는 뺄셈식에서 빼는 수 구하기

10이 되는 덧셈식은 받아올림이 있는 덧셈의 기초가 되고,
10에서 빼는 뺄셈식은 받아내림이 있는 뺄셈의 기초가 되는
중요한 부분이야.
실수하지 않도록 주의하면서 실력을 쌓아 보자.

원리 깨치기

❶ 10이 되는 덧셈식을 알아보아요.

$$1+9=10$$
$$2+8=10$$
$$3+7=10$$
$$4+6=10$$
$$5+5=10$$
$$6+4=10$$
$$7+3=10$$
$$8+2=10$$
$$9+1=10$$

연산Key

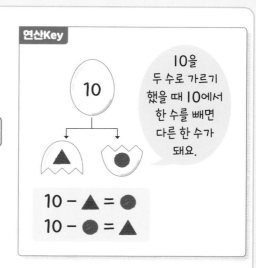

모으기 하여 10이 되는 두 수를 더하면 10이 돼요.

$$▲ + ● = 10$$
$$● + ▲ = 10$$

$$6 + \boxed{4} = 10$$ ➡ 6과 더해서 10이 되는 수는 4이므로 ⬜=4입니다.

❷ 10에서 빼는 뺄셈식을 알아보아요.

$$10-1=9$$
$$10-2=8$$
$$10-3=7$$
$$10-4=6$$
$$10-5=5$$
$$10-6=4$$
$$10-7=3$$
$$10-8=2$$
$$10-9=1$$

연산Key

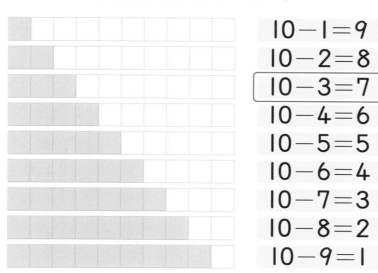

10을 두 수로 가르기 했을 때 10에서 한 수를 빼면 다른 한 수가 돼요.

$$10 - ▲ = ●$$
$$10 - ● = ▲$$

$$10 - \boxed{3} = 7$$ ➡ 10에서 7이 남으려면 3을 빼야 하므로 ⬜=3입니다.

이해 안 되는 내용이 있으면 **한번** 더 공부하고 연산력 키우기로 넘어가세요.

241016-0859 ～ 241016-0875

❋ ☐ 안에 알맞은 수를 써넣으세요.

연산Key

$$8 + 2 = \boxed{10}$$

8과 2를 모으면 10이므로
8+2=10이에요.

① $1 + 9 = \boxed{}$

② $2 + 8 = \boxed{}$

③ $6 + 4 = \boxed{}$

④ $5 + 5 = \boxed{}$

⑤ $4 + 6 = \boxed{}$

⑥ $8 + 2 = \boxed{}$

⑦ $3 + 7 = \boxed{}$

⑧ $0 + 10 = \boxed{}$

⑨ $1 + \boxed{} = 10$

⑩ $7 + \boxed{} = 10$

⑪ $5 + \boxed{} = 10$

⑫ $2 + \boxed{} = 10$

⑬ $4 + \boxed{} = 10$

⑭ $7 + \boxed{} = 10$

⑮ $\boxed{} + 3 = 10$

⑯ $\boxed{} + 9 = 10$

⑰ $\boxed{} + 6 = 10$

18

		7
+		3
	☐	☐

19

		2
+		8
	☐	☐

20

		5
+		5
	☐	☐

21

		1
+		9
	☐	☐

22

	1	0
+		0
	☐	☐

23

		9
+		1
	☐	☐

24

		4
+		6
	☐	☐

25

		8
+		2
	☐	☐

26

		7
+		☐
	1	0

27

		2
+		☐
	1	0

28

		5
+		☐
	1	0

29

		6
+		☐
	1	0

241016-0888 ~ 241016-0904

✿ ☐ 안에 알맞은 수를 써넣으세요.

연산Key

$10 - 2 = \boxed{8}$

10은 2와 8로 가르기 할 수 있으므로
10−2=8이에요.

① $10 - 4 = \boxed{}$

② $10 - 5 = \boxed{}$

③ $10 - 3 = \boxed{}$

④ $10 - 6 = \boxed{}$

⑤ $10 - 1 = \boxed{}$

⑥ $10 - 7 = \boxed{}$

⑦ $10 - 8 = \boxed{}$

⑧ $10 - 0 = \boxed{}$

⑨ $10 - 10 = \boxed{}$

⑩ $10 - \boxed{} = 2$

⑪ $10 - \boxed{} = 9$

⑫ $10 - \boxed{} = 6$

⑬ $10 - \boxed{} = 8$

⑭ $10 - \boxed{} = 5$

⑮ $10 - \boxed{} = 7$

⑯ $10 - \boxed{} = 4$

⑰ $10 - \boxed{} = 0$

🔍 241016-0905 ~ 241016-0916

⑱
$$\begin{array}{r} 1\ 0 \\ -\quad 5 \\ \hline \square \end{array}$$

⑲
$$\begin{array}{r} 1\ 0 \\ -\quad 7 \\ \hline \square \end{array}$$

⑳
$$\begin{array}{r} 1\ 0 \\ -\quad 2 \\ \hline \square \end{array}$$

㉑
$$\begin{array}{r} 1\ 0 \\ -\quad 9 \\ \hline \square \end{array}$$

㉒
$$\begin{array}{r} 1\ 0 \\ -\quad 8 \\ \hline \square \end{array}$$

㉓
$$\begin{array}{r} 1\ 0 \\ -\quad 6 \\ \hline \square \end{array}$$

㉔
$$\begin{array}{r} 1\ 0 \\ -\quad 3 \\ \hline \square \end{array}$$

㉕
$$\begin{array}{r} 1\ 0 \\ -\ 1\ 0 \\ \hline \square \end{array}$$

㉖
$$\begin{array}{r} 1\ 0 \\ -\quad \square \\ \hline 2 \end{array}$$

㉗
$$\begin{array}{r} 1\ 0 \\ -\quad \square \\ \hline 1 \end{array}$$

㉘
$$\begin{array}{r} 1\ 0 \\ -\quad \square \\ \hline 6 \end{array}$$

㉙
$$\begin{array}{r} 1\ 0 \\ -\quad \square \\ \hline 3 \end{array}$$

241016-0917 ~ 241016-0927

✿ ☐ 안에 알맞은 수를 써넣으세요.

연산Key

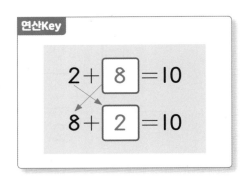

$$2 + \boxed{8} = 10$$

$$8 + \boxed{2} = 10$$

④
$$\boxed{} + 0 = 10$$
$$\boxed{} + 10 = 10$$

⑧
$$10 - \boxed{} = 3$$
$$10 - \boxed{} = 7$$

①
$$4 + \boxed{} = 10$$
$$6 + \boxed{} = 10$$

⑤
$$\boxed{} + 9 = 10$$
$$\boxed{} + 1 = 10$$

⑨
$$10 - \boxed{} = 1$$
$$10 - \boxed{} = 9$$

②
$$10 + \boxed{} = 10$$
$$0 + \boxed{} = 10$$

⑥
$$\boxed{} + 8 = 10$$
$$\boxed{} + 2 = 10$$

⑩
$$10 - \boxed{} = 0$$
$$10 - \boxed{} = 10$$

③
$$3 + \boxed{} = 10$$
$$7 + \boxed{} = 10$$

⑦
$$\boxed{} + 6 = 10$$
$$\boxed{} + 4 = 10$$

⑪
$$10 - \boxed{} = 2$$
$$10 - \boxed{} = 8$$

주어진 수에서 10이 되려면 얼마가 더 필요한지 생각해 보세요.

241016-0928 ~ 241016-0935

12

$$\begin{array}{r} 6 \\ + \quad \square \\ \hline 1 \; 0 \end{array} \qquad \begin{array}{r} 4 \\ + \quad \square \\ \hline 1 \; 0 \end{array}$$

13

$$\begin{array}{r} 1 \\ + \quad \square \\ \hline 1 \; 0 \end{array} \qquad \begin{array}{r} 9 \\ + \quad \square \\ \hline 1 \; 0 \end{array}$$

14

$$\begin{array}{r} 5 \\ + \quad \square \\ \hline 1 \; 0 \end{array} \qquad \begin{array}{r} \square \\ + \quad 5 \\ \hline 1 \; 0 \end{array}$$

15

$$\begin{array}{r} 8 \\ + \quad \square \\ \hline 1 \; 0 \end{array} \qquad \begin{array}{r} 2 \\ + \quad \square \\ \hline 1 \; 0 \end{array}$$

16

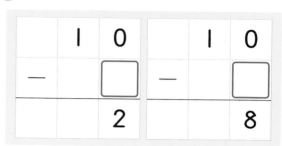

$$\begin{array}{r} 1 \; 0 \\ - \quad \square \\ \hline 2 \end{array} \qquad \begin{array}{r} 1 \; 0 \\ - \quad \square \\ \hline 8 \end{array}$$

17

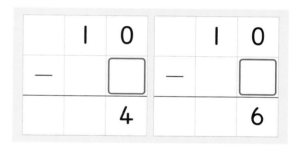

$$\begin{array}{r} 1 \; 0 \\ - \quad \square \\ \hline 4 \end{array} \qquad \begin{array}{r} 1 \; 0 \\ - \quad \square \\ \hline 6 \end{array}$$

18

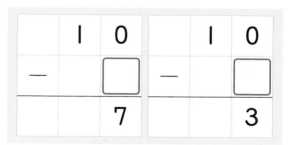

$$\begin{array}{r} 1 \; 0 \\ - \quad \square \\ \hline 7 \end{array} \qquad \begin{array}{r} 1 \; 0 \\ - \quad \square \\ \hline 3 \end{array}$$

19

$$\begin{array}{r} 1 \; 0 \\ - \quad \square \\ \hline 9 \end{array} \qquad \begin{array}{r} 1 \; 0 \\ - \quad \square \\ \hline 1 \end{array}$$

1일차 2일차 3일차 4일차 5일차

241016-0936 ~ 241016-0946

❄ □ 안에 알맞은 수를 써넣으세요.

연산Key

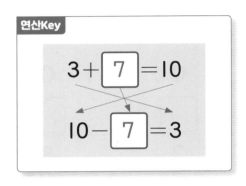

$3 + \boxed{7} = 10$

$10 - \boxed{7} = 3$

④ $6 + \boxed{} = 10$

$10 - \boxed{} = 6$

⑧ $0 + \boxed{} = 10$

$\boxed{} - 0 = 10$

① $5 + \boxed{} = 10$

$10 - \boxed{} = 5$

⑤ $2 + \boxed{} = 10$

$10 - \boxed{} = 2$

⑨ $\boxed{} + 5 = 10$

$10 - \boxed{} = 5$

② $4 + \boxed{} = 10$

$10 - \boxed{} = 4$

⑥ $10 + \boxed{} = 10$

$10 - \boxed{} = 10$

⑩ $\boxed{} + 6 = 10$

$10 - \boxed{} = 6$

③ $8 + \boxed{} = 10$

$10 - \boxed{} = 8$

⑦ $9 + \boxed{} = 10$

$10 - \boxed{} = 9$

⑪ $\boxed{} + 3 = 10$

$10 - \boxed{} = 3$

●＋▲＝10이 되는 덧셈식은 10－▲＝●의 뺄셈식으로 나타낼 수 있어요.

학습 점검	학습 날짜	걸린 시간	맞은 개수
	월 일	분 초	

241016-0947 ~ 241016-0954

⑫

		4
+		□
	1	0

	1	0
−		□
		4

⑬

		8
+		□
	1	0

	1	0
−		□
		8

⑭

		5
+		□
	1	0

	1	0
−		□
		5

⑮

		7
+		□
	1	0

	1	0
−		□
		7

⑯

	1	0
+		□
	1	0

	1	0
−		□
	1	0

⑰

		6
+		□
	1	0

	1	0
−		□
		6

⑱

		2
+		□
	1	0

	1	0
−		□
		2

⑲

		9
+		□
	1	0

	1	0
−		□
		9

1일차 2일차 3일차 4일차 5일차

241016-0955 ～ 241016-0971

✽ ☐ 안에 알맞은 수를 써넣으세요.

연산Key

$6 + \boxed{4} = 10$

6과 더해서 10이 되는 수는 4예요.

6　$\boxed{} + 1 = 10$

12　$10 - \boxed{} = 10$

1　$2 + \boxed{} = 10$

7　$\boxed{} + 7 = 10$

13　$10 - \boxed{} = 9$

2　$1 + \boxed{} = 10$

8　$\boxed{} + 6 = 10$

14　$10 - \boxed{} = 3$

3　$3 + \boxed{} = 10$

9　$\boxed{} + 2 = 10$

15　$10 - \boxed{} = 1$

4　$8 + \boxed{} = 10$

10　$\boxed{} + 4 = 10$

16　$10 - \boxed{} = 7$

5　$0 + \boxed{} = 10$

11　$\boxed{} + 5 = 10$

17　$10 - \boxed{} = 2$

241016-0972 ~ 241016-0989

⑱ $7 + \boxed{} = 10$

⑲ $\boxed{} + 8 = 10$

⑳ $10 - \boxed{} = 4$

㉑ $5 + \boxed{} = 10$

㉒ $\boxed{} + 10 = 10$

㉓ $10 - \boxed{} = 1$

㉔ $9 + \boxed{} = 10$

㉕ $10 - \boxed{} = 6$

㉖ $\boxed{} + 1 = 10$

㉗ $10 - \boxed{} = 8$

㉘ $4 + \boxed{} = 10$

㉙ $10 - \boxed{} = 7$

㉚ $8 + \boxed{} = 10$

㉛ $\boxed{} + 9 = 10$

㉜ $10 - \boxed{} = 5$

㉝ $10 + \boxed{} = 10$

㉞ $\boxed{} + 3 = 10$

㉟ $10 - \boxed{} = 0$

연산 8차시

10을 만들어 더하기

학습목표

❶ 앞의 두 수를 10을 만들어 세 수 더하는 계산 익히기

❷ 뒤의 두 수를 10을 만들어 세 수 더하는 계산 익히기

이번에는 연달아 2번 더하는 세 수 더하기인데 두 수를 먼저 10을 만드는 과정이 중요해. 10을 만들고 나면 나머지 수를 쉽게 더할 수 있기 때문이야. 자, 그럼 시작해 볼까?

원리 깨치기

① 앞의 두 수를 10을 만들어 더해 보아요.

연산Key

1과 9

2와 8

3과 7

4와 6

5와 5

6과 4

7과 3

8과 2

9와 1

더해서 10이 되는 두 수를 외워요.

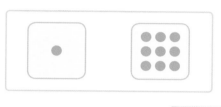

$1+9+3=\boxed{13}$

①10

②13

① 앞의 두 수를 더해서 10을 만듭니다.
② 만든 10에 나머지 한 수를 더합니다.

---

② 뒤의 두 수를 10을 만들어 더해 보아요.

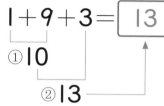

$5+4+6=\boxed{15}$

①10

②15

① 뒤의 두 수를 더해서 10을 만듭니다.
② 만든 10에 나머지 한 수를 더합니다.

---

③ 밑줄 친 두 수의 합이 10이 되도록 만들고 계산해 보아요.

$⑧+2+4=\boxed{14}$

①10

②14

① 2와 더해서 10이 되는 수는 8입니다.
② $10+4=14$

$6+9+①=\boxed{16}$

①10

②16

① 9와 더해서 10이 되는 수는 1입니다.
② $6+10=16$

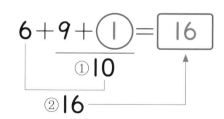 이해 안 되는 내용이 있으면 **한번** 더 공부하고 연산력 키우기로 넘어가세요.

❋ 합이 10이 되는 두 수를 ◯로 묶고 계산해 보세요.

연산Key

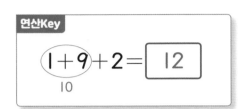

$$(1+9)+2 = \boxed{12}$$
$$\underset{10}{}$$

① $1+9+4$

② $2+8+3$

③ $3+7+5$

④ $4+6+7$

⑤ $5+5+4$

⑥ $4+6+5$

⑦ $3+7+9$

⑧ $8+2+1$

⑨ $2+8+6$

⑩ $2+8+8$

⑪ $6+4+9$

⑫ $3+7+2$

⑬ $5+5+2$

⑭ $4+6+8$

⑮ $1+9+7$

⑯ $7+3+5$

⑰ $9+1+4$

⑱ 6+4+6

⑲ 9+1+3

⑳ 7+3+4

㉑ 3+7+4

㉒ 8+2+5

㉓ 1+9+3

㉔ 7+3+1

㉕ 6+4+5

㉖ 2+8+9

㉗ 5+5+1

㉘ 9+1+6

㉙ 3+7+7

㉚ 5+5+9

㉛ 1+9+8

㉜ 8+2+7

㉝ 4+6+3

㉞ 6+4+8

㉟ 7+3+6

241016-1025 ~ 241016-1041

✿ 합이 10이 되는 두 수를 ◯로 묶고 계산해 보세요.

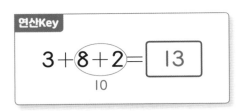

연산Key

$3+\underbrace{\textcircled{8+2}}_{10}=\boxed{13}$

① 1+5+5

② 2+6+4

③ 3+3+7

④ 4+1+9

⑤ 8+8+2

⑥ 7+9+1

⑦ 8+7+3

⑧ 9+6+4

⑨ 8+4+6

⑩ 5+2+8

⑪ 1+7+3

⑫ 5+3+7

⑬ 9+2+8

⑭ 8+5+5

⑮ 6+1+9

⑯ 7+6+4

⑰ 9+9+1

⑱ 5+1+9

⑲ 1+2+8

⑳ 3+6+4

㉑ 4+3+7

㉒ 1+1+9

㉓ 7+8+2

㉔ 8+9+1

㉕ 4+7+3

㉖ 1+4+6

㉗ 7+5+5

㉘ 6+2+8

㉙ 9+3+7

㉚ 4+8+2

㉛ 2+9+1

㉜ 8+6+4

㉝ 9+8+2

㉞ 7+7+3

㉟ 4+2+8

241016-1060 ~ 241016-1076

✽ 밑줄 친 두 수의 합이 10이 되도록 ○ 안에 알맞은 수를 써넣고 계산해 보세요.

연산Key

$(3) + 7 + 4 = \boxed{14}$

10

6 $\bigcirc + 6 + 2 = \boxed{}$

12 $\bigcirc + 3 + 8 = \boxed{}$

1 $\bigcirc + 1 + 3 = \boxed{}$

7 $\bigcirc + 1 + 6 = \boxed{}$

13 $\bigcirc + 8 + 4 = \boxed{}$

2 $\bigcirc + 3 + 2 = \boxed{}$

8 $\bigcirc + 7 + 2 = \boxed{}$

14 $\bigcirc + 6 + 5 = \boxed{}$

3 $\bigcirc + 8 + 5 = \boxed{}$

9 $\bigcirc + 5 + 3 = \boxed{}$

15 $\bigcirc + 7 + 6 = \boxed{}$

4 $\bigcirc + 2 + 9 = \boxed{}$

10 $\bigcirc + 4 + 2 = \boxed{}$

16 $\bigcirc + 8 + 9 = \boxed{}$

5 $\bigcirc + 4 + 4 = \boxed{}$

11 $\bigcirc + 9 + 7 = \boxed{}$

17 $\bigcirc + 2 + 3 = \boxed{}$

241016-1077 ~ 241016-1094

⑱ $2 + \bigcirc + 9 = \boxed{}$

⑲ $1 + \bigcirc + 4 = \boxed{}$

⑳ $6 + \bigcirc + 5 = \boxed{}$

㉑ $9 + \bigcirc + 6 = \boxed{}$

㉒ $5 + \bigcirc + 7 = \boxed{}$

㉓ $3 + \bigcirc + 5 = \boxed{}$

㉔ $5 + \bigcirc + 6 = \boxed{}$

㉕ $8 + \bigcirc + 3 = \boxed{}$

㉖ $4 + \bigcirc + 1 = \boxed{}$

㉗ $3 + \bigcirc + 7 = \boxed{}$

㉘ $7 + \bigcirc + 2 = \boxed{}$

㉙ $9 + \bigcirc + 8 = \boxed{}$

㉚ $7 + \bigcirc + 3 = \boxed{}$

㉛ $6 + \bigcirc + 8 = \boxed{}$

㉜ $3 + \bigcirc + 4 = \boxed{}$

㉝ $2 + \bigcirc + 5 = \boxed{}$

㉞ $1 + \bigcirc + 9 = \boxed{}$

㉟ $4 + \bigcirc + 7 = \boxed{}$

1일차
2일차
3일차
4일차
5일차

241016-1095 ~ 241016-1111

❀ 밑줄 친 두 수의 합이 10이 되도록 ◯ 안에 알맞은 수를 써넣고 계산해 보세요.

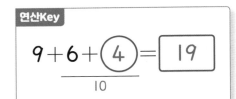

연산Key

$9 + 6 + ④ = \boxed{19}$

(10)

① $3 + 2 + ◯ = \boxed{}$

② $1 + 4 + ◯ = \boxed{}$

③ $5 + 7 + ◯ = \boxed{}$

④ $4 + 9 + ◯ = \boxed{}$

⑤ $8 + 3 + ◯ = \boxed{}$

⑥ $2 + 7 + ◯ = \boxed{}$

⑦ $8 + 1 + ◯ = \boxed{}$

⑧ $3 + 9 + ◯ = \boxed{}$

⑨ $6 + 2 + ◯ = \boxed{}$

⑩ $1 + 5 + ◯ = \boxed{}$

⑪ $4 + 3 + ◯ = \boxed{}$

⑫ $7 + 2 + ◯ = \boxed{}$

⑬ $3 + 8 + ◯ = \boxed{}$

⑭ $9 + 5 + ◯ = \boxed{}$

⑮ $8 + 7 + ◯ = \boxed{}$

⑯ $2 + 6 + ◯ = \boxed{}$

⑰ $5 + 4 + ◯ = \boxed{}$

합이 10이 되는 두 수를 더해 10을 만든 다음 나머지 수를 더해요.

학습 점검	학습 날짜		걸린 시간		맞은 개수
	월	일	분	초	

241016-1112 ~ 241016-1129

18 $3+\bigcirc+7=\square$

19 $6+\bigcirc+2=\square$

20 $1+\bigcirc+3=\square$

21 $7+\bigcirc+4=\square$

22 $2+\bigcirc+7=\square$

23 $8+\bigcirc+1=\square$

24 $7+\bigcirc+8=\square$

25 $5+\bigcirc+7=\square$

26 $6+\bigcirc+9=\square$

27 $4+\bigcirc+3=\square$

28 $2+\bigcirc+6=\square$

29 $5+\bigcirc+9=\square$

30 $1+\bigcirc+5=\square$

31 $8+\bigcirc+6=\square$

32 $4+\bigcirc+1=\square$

33 $5+\bigcirc+8=\square$

34 $9+\bigcirc+2=\square$

35 $7+\bigcirc+9=\square$

1일차 2일차 3일차 4일차 5일차

241016-1130 ~ 241016-1146

❀ **계산해 보세요.**

연산Key

$$6+4+5=15$$

(6) $7+3+1$

(12) $3+7+9$

(1) $4+5+5$

(7) $5+3+7$

(13) $1+8+2$

(2) $2+8+1$

(8) $8+2+6$

(14) $6+4+4$

(3) $7+4+6$

(9) $2+1+9$

(15) $3+2+8$

(4) $1+9+5$

(10) $5+5+3$

(16) $9+1+5$

(5) $8+3+7$

(11) $2+7+3$

(17) $7+1+9$

⑱ $5+5+9$

⑲ $7+2+8$

⑳ $9+1+7$

㉑ $6+8+2$

㉒ $7+3+3$

㉓ $4+4+6$

㉔ $4+6+2$

㉕ $8+9+1$

㉖ $8+2+4$

㉗ $3+1+9$

㉘ $5+5+8$

㉙ $6+7+3$

㉚ $7+3+8$

㉛ $1+6+4$

㉜ $1+9+9$

㉝ $2+3+7$

㉞ $6+4+2$

㉟ $5+2+8$

1일차

2일차

3일차

4일차

5일차

10을 이용하여 모으기와 가르기

학습목표

❶ 10을 이용하여 두 수를 십몇으로 모으기

❷ 10을 이용하여 십몇을 10과 몇으로 가르기

❸ 10을 이용하여 수 모으기와 가르기 익히기

수 모으기와 가르기는 덧셈과 뺄셈의 기초가 되는 중요한 부분이야.
10을 이용하는 이유는 다음 차시에서 합이 10이 넘는 덧셈을
공부하기 때문이야.
자, 그럼 10을 이용한 수 모으기와 가르기를 공부해 보자.

❶ 10을 이용하여 모으기를 해 보아요.

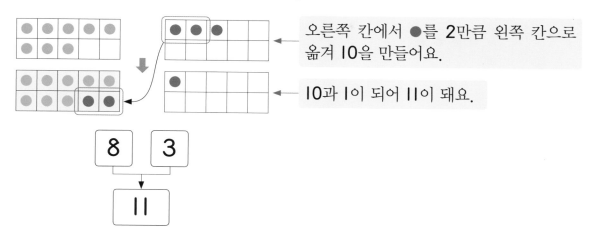

오른쪽 칸에서 ●를 2만큼 왼쪽 칸으로 옮겨 10을 만들어요.

10과 1이 되어 11이 돼요.

➡ 8과 3을 모으기 하면 11입니다.

❷ 10을 이용하여 가르기를 해 보아요.

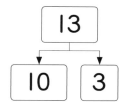

➡ 13은 10과 3으로 가르기 할 수 있습니다.

연산Key

십몇은 10과 몇으로 가르기 할 수 있어요.

❸ 10을 이용하여 모으기와 가르기를 해 보아요.

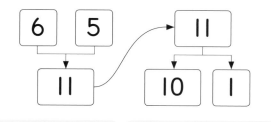

6과 5를 모으기 하면 11입니다.

11은 10과 1로 가르기 할 수 있습니다.

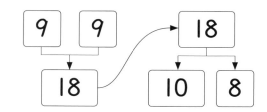

9와 9를 모으기 하면 18입니다.

18은 10과 8로 가르기 할 수 있습니다.

➡ 11에서 18까지의 수를 10을 이용하여 모으기와 가르기를 할 수 있습니다.

이해 안 되는 내용이 있으면 **한번** 더 공부하고 연산력 키우기로 넘어가세요.

241016-1165 ~ 241016-1171

✿ 10을 이용하여 모으기를 해 보세요.

연산Key

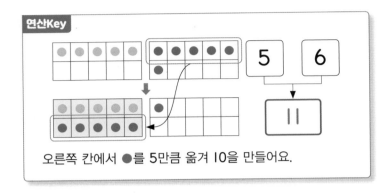

오른쪽 칸에서 ●를 5만큼 옮겨 10을 만들어요.

1

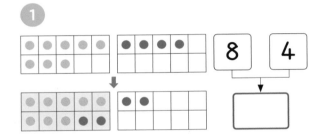

2

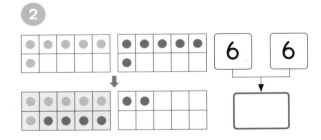

3

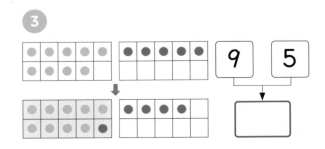

4

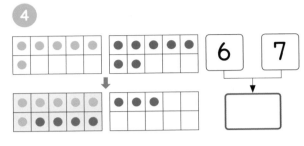

5

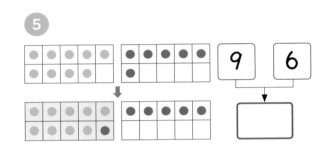

6

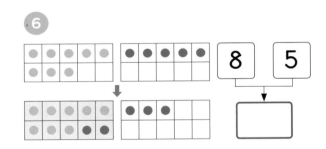

7

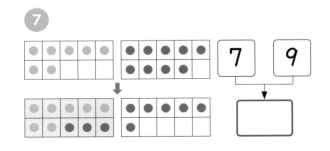

왼쪽 수가 10이 되도록 오른쪽 수에서 ●를 옮기고 남은 수 ★과 모으면 | ★이 돼요.

241016-1172 ~ 241016-1181

⑧
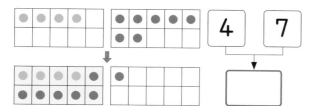

⑬
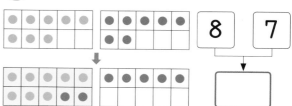

⑨
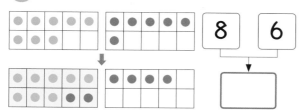

⑭
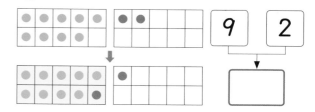

⑩
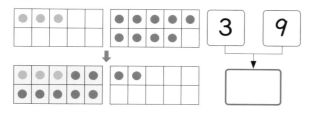

⑮
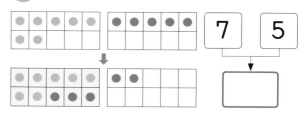

⑪
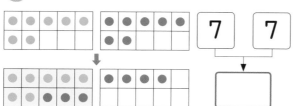

⑯
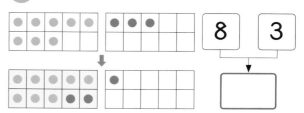

⑫
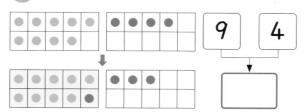

⑰
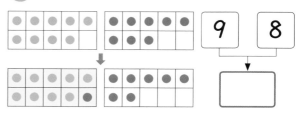

🔍 241016-1182 ~ 241016-1195

✿ 주어진 수를 10과 몇으로 가르기를 해 보세요.

연산Key

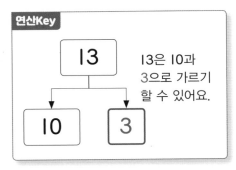

13은 10과 3으로 가르기 할 수 있어요.

1
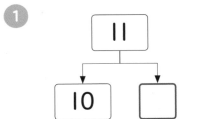

2
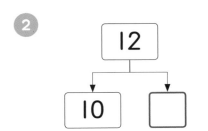

3
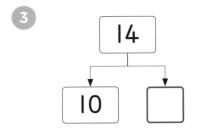

4
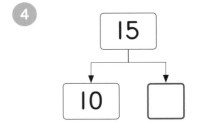

5
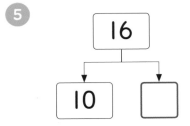

6
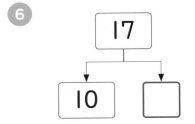

7
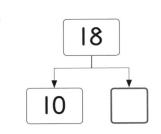

8
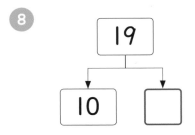

9
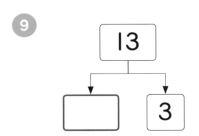

10
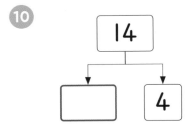

11
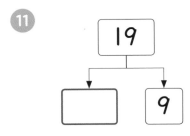

12
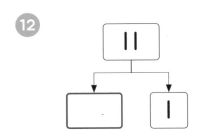

13
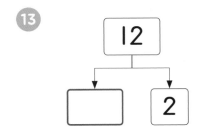

14
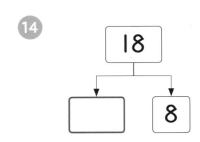

십몇을 10과 몇으로 가르기 해 보세요.

15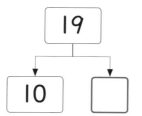

16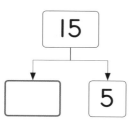

17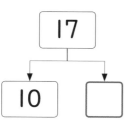

18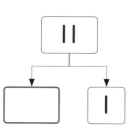

19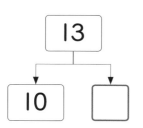

20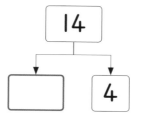

21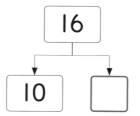

22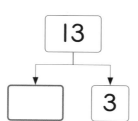

23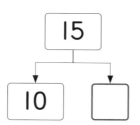

24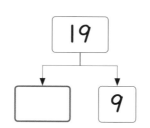

25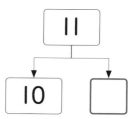

26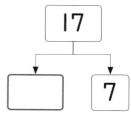

27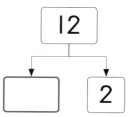

28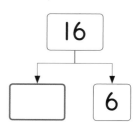

29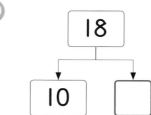

241016-1211 ~ 241016-1217

✳ 10을 이용하여 모으기와 가르기를 해 보세요.

연산Key

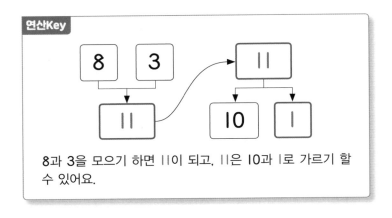

8과 3을 모으기 하면 11이 되고, 11은 10과 1로 가르기 할 수 있어요.

4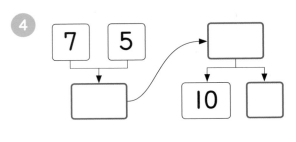

1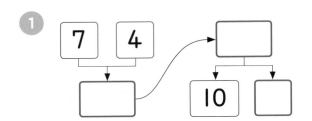

5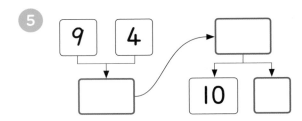

2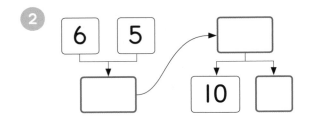

6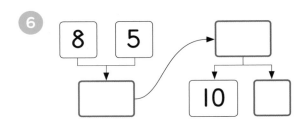

3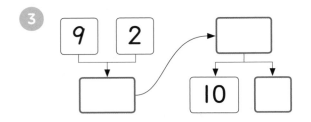

7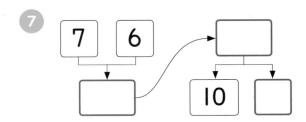

모으기 하여 십몇이 되는 수를 다시 10과 몇으로 가르기 해 보세요.

241016-1218 ~ 241016-1227

(8)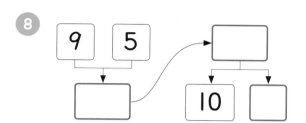

(9)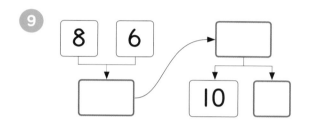

(10)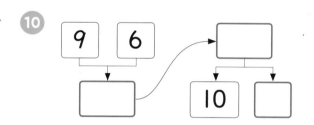

(11)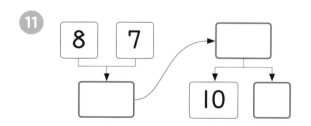

(12)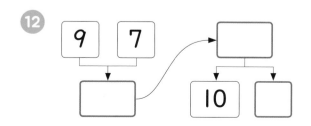

(13)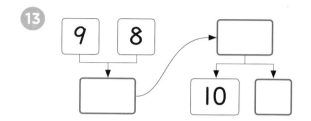

(14)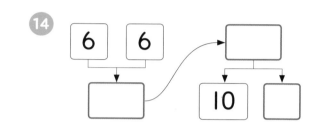

(15)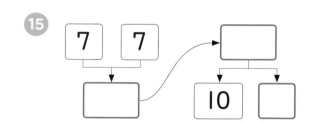

(16)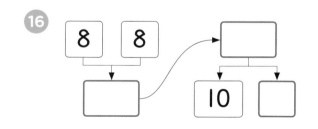

(17)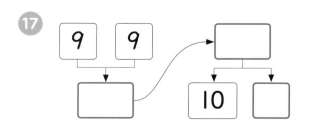

1일차
2일차
3일차
4일차
5일차

241016-1228 ~ 241016-1236

✿ 10을 이용하여 모으기와 가르기를 해 보세요.

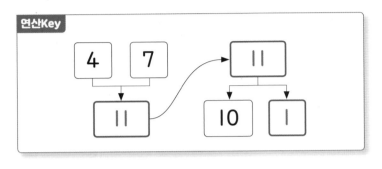

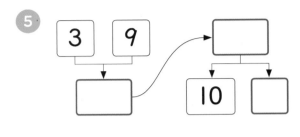

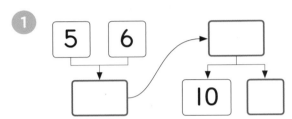

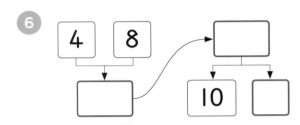

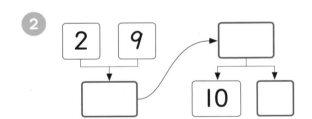

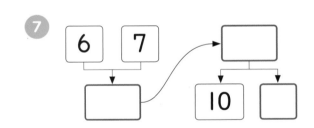

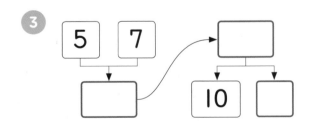

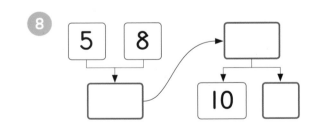

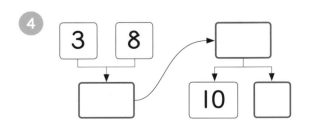

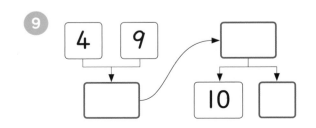

모으기 하여 십몇이 되는 수를 다시 10과 몇으로 가르기 해 보세요.

241016-1237 ~ 241016-1246

10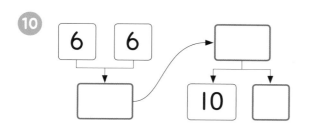

11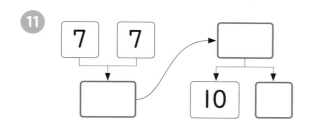

12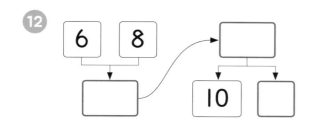

13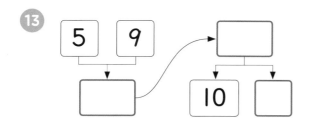

14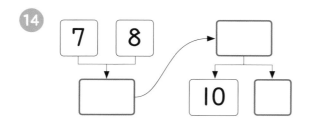

15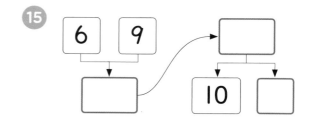

16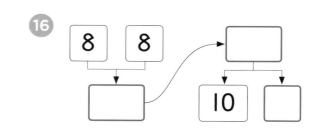

17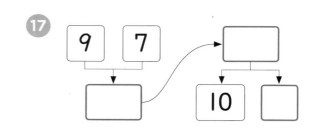

18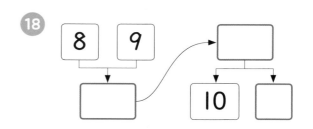

19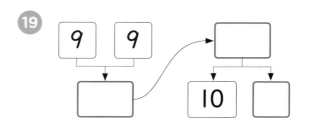

241016-1247 ~ 241016-1255

❋ 10을 이용하여 모으기와 가르기를 해 보세요.

연산Key

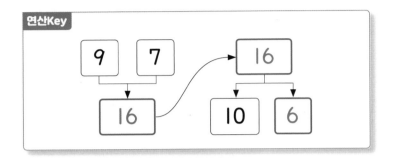

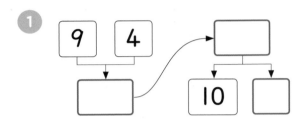

1

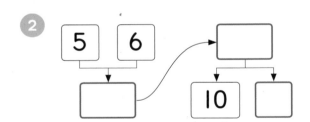

2

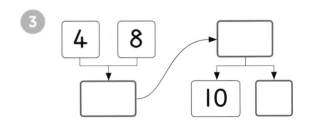

3

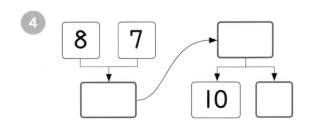

4

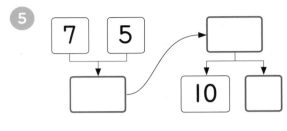

5

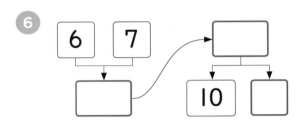

6

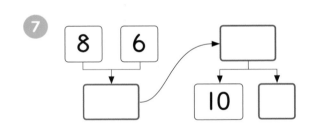

7

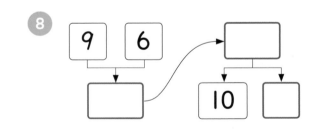

8

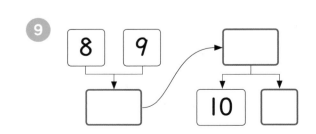

9

모으기 하여 십몇이 되는 수를 다시 10과 몇으로 가르기 해 보세요.

⑩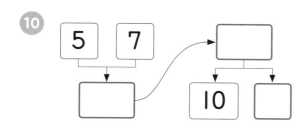

⑪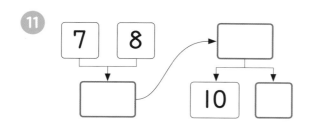

⑫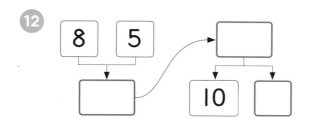

⑬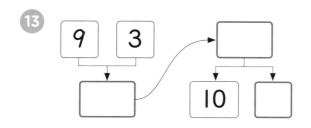

⑭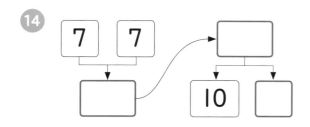

⑮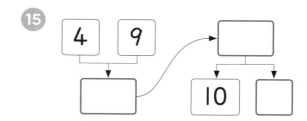

⑯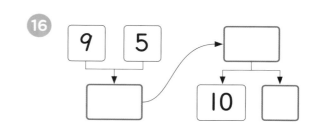

⑰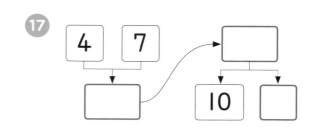

⑱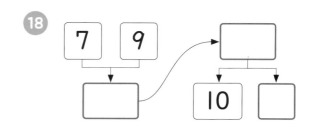

⑲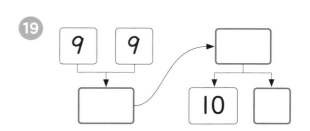

(몇)+(몇)=(십몇)

학습목표

❶ 더해지는 수를 10을 만들어 (몇)+(몇)=(십몇)
  의 계산 익히기

❷ 더하는 수를 10을 만들어 (몇)+(몇)=(십몇)의
  계산 익히기

합이 11부터 18까지인 한 자리 수의 덧셈이야.
처음으로 받아올림이 있는 덧셈이 나오지만 앞차시에서 공부한
10을 이용하여 계산 원리를 이해하면 돼.
자, 그럼 시작해 볼까?

① 더해지는 수를 10을 만들어 덧셈을 해 보아요.

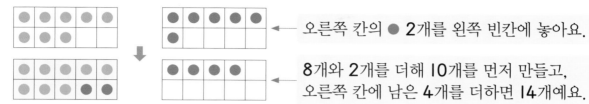

오른쪽 칸의 ● 2개를 왼쪽 빈칸에 놓아요.

8개와 2개를 더해 10개를 먼저 만들고,
오른쪽 칸에 남은 4개를 더하면 14개예요.

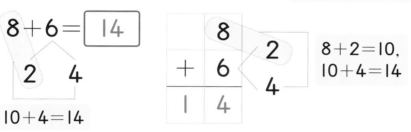

$$8+6=\boxed{14}$$

2   4

$$10+4=14$$

$$8+2=10,$$
$$10+4=14$$

① 6을 2와 4로 가르기 하여 8과 2를 더하면 10입니다.
② 10에 남은 4를 더하면 14입니다.

연산Key

뒤의 수를
앞의 수와의 합이
10이 되도록 가르기
하여 계산해요.

$$10 + ★ = 1★$$

② 더하는 수를 10을 만들어 덧셈을 해 보아요.

왼쪽 칸의 ● 4개를 오른쪽 빈칸에 놓아요.

6개와 4개를 더해 10개를 먼저 만들고,
왼쪽 칸에 남은 4개를 더하면 14개예요.

$$8+6=\boxed{14}$$

4   4

$$4+10=14$$

$$6+4=10,$$
$$4+10=14$$

① 8을 4와 4로 가르기 하여 6과 4를 더하면 10입니다.
② 10에 남은 4를 더하면 14입니다.

연산Key

앞의 수를
뒤의 수와의 합이
10이 되도록 가르기
하여 계산해요.

$$★ + 10 = 1★$$

241016-1266 ~ 241016-1279

✿ 덧셈을 해 보세요.

연산Key

$$7+6=\boxed{13}$$
$$3 \quad 3$$
$$10+3=13$$

5 $6+6=\boxed{}$
$\boxed{} \quad 2$

10 $9+4=\boxed{}$
$\boxed{} \quad \boxed{}$

1 $9+2=\boxed{}$
$1 \quad \boxed{}$

6 $5+6=\boxed{}$
$\boxed{} \quad 1$

11 $9+5=\boxed{}$
$\boxed{} \quad \boxed{}$

2 $8+5=\boxed{}$
$2 \quad \boxed{}$

7 $8+7=\boxed{}$
$\boxed{} \quad 5$

12 $8+3=\boxed{}$
$\boxed{} \quad \boxed{}$

3 $3+8=\boxed{}$
$7 \quad \boxed{}$

8 $6+9=\boxed{}$
$\boxed{} \quad 5$

13 $5+9=\boxed{}$
$\boxed{} \quad \boxed{}$

4 $4+9=\boxed{}$
$6 \quad \boxed{}$

9 $9+7=\boxed{}$
$\boxed{} \quad 6$

14 $7+7=\boxed{}$
$\boxed{} \quad \boxed{}$

앞의 수에 얼마를 더하면 10이 될지 뒤의 수를 가르기 하여 계산해요.

241016-1280 ~ 241016-1294

 15
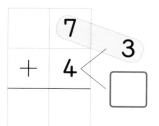

16
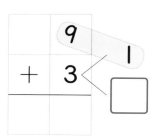

17
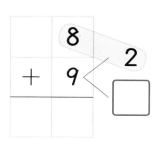

18
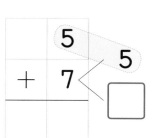

19
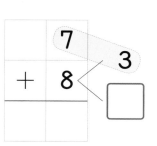

20
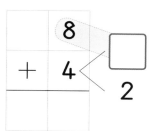

21
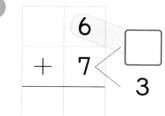

22
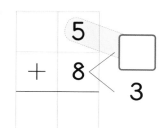

23
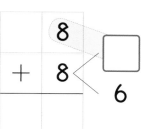

24
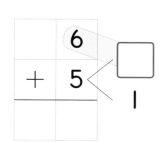

25
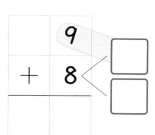

26
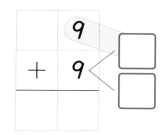

27
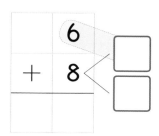

28
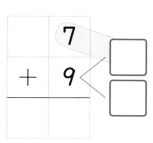

29
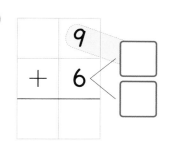

241016-1295 ～ 241016-1308

❀ **덧셈을 해 보세요.**

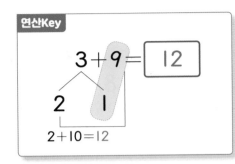

연산Key

$$3 + 9 = \boxed{12}$$

2　1

$$2+10=12$$

⑤ $6 + 6 = \boxed{}$

2　$\boxed{}$

⑩ $8 + 4 = \boxed{}$

$\boxed{}$　$\boxed{}$

① $3 + 8 = \boxed{}$

$\boxed{}$　2

⑥ $7 + 9 = \boxed{}$

6　$\boxed{}$

⑪ $8 + 9 = \boxed{}$

$\boxed{}$　$\boxed{}$

② $7 + 4 = \boxed{}$

$\boxed{}$　6

⑦ $6 + 8 = \boxed{}$

4　$\boxed{}$

⑫ $9 + 5 = \boxed{}$

$\boxed{}$　$\boxed{}$

③ $8 + 7 = \boxed{}$

$\boxed{}$　3

⑧ $9 + 9 = \boxed{}$

8　$\boxed{}$

⑬ $5 + 6 = \boxed{}$

$\boxed{}$　$\boxed{}$

④ $6 + 9 = \boxed{}$

$\boxed{}$　1

⑨ $5 + 7 = \boxed{}$

2　$\boxed{}$

⑭ $7 + 7 = \boxed{}$

$\boxed{}$　$\boxed{}$

뒤의 수에 얼마를 더하면 10이 될지 앞의 수를 가르기 하여 계산해요.

241016-1309 ~ 241016-1323

⑮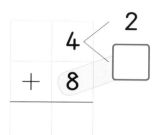

⑯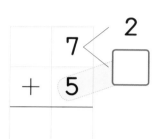

⑰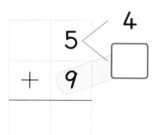

⑱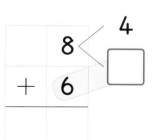

⑲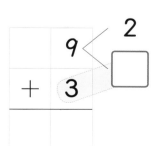

⑳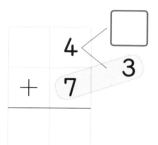

㉑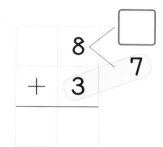

㉒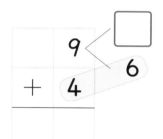

㉓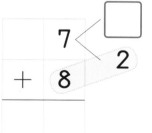

㉔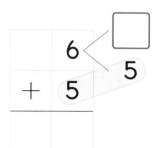

㉕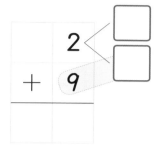

㉖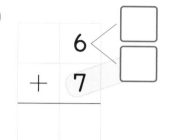

㉗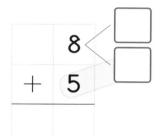

㉘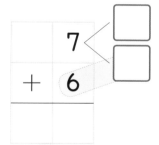

㉙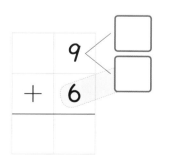

241016-1324 ~ 241016-1340

❀ 덧셈을 해 보세요.

연산Key

$$5 + 7 = 12$$
2 3

$$5 + 7 = 12$$
5 2

① $6 + 8$

② $9 + 4$

③ $2 + 9$

④ $7 + 7$

⑤ $9 + 3$

⑥ $9 + 7$

⑦ $8 + 3$

⑧ $8 + 7$

⑨ $6 + 6$

⑩ $4 + 9$

⑪ $6 + 5$

⑫ $6 + 9$

⑬ $8 + 8$

⑭ $4 + 7$

⑮ $8 + 9$

⑯ $9 + 5$

⑰ $7 + 8$

두 수 중 한 수를 10을 만들기 위해 다른 한 수를 가르기 하여 계산해요.

241016-1341 ~ 241016-1355

⑱
$$\begin{array}{r} 3 \\ +\ 9 \\ \hline \end{array}$$

㉓
$$\begin{array}{r} 5 \\ +\ 6 \\ \hline \end{array}$$

㉘
$$\begin{array}{r} 7 \\ +\ 9 \\ \hline \end{array}$$

⑲
$$\begin{array}{r} 8 \\ +\ 4 \\ \hline \end{array}$$

㉔
$$\begin{array}{r} 9 \\ +\ 2 \\ \hline \end{array}$$

㉙
$$\begin{array}{r} 8 \\ +\ 5 \\ \hline \end{array}$$

⑳
$$\begin{array}{r} 9 \\ +\ 6 \\ \hline \end{array}$$

㉕
$$\begin{array}{r} 7 \\ +\ 5 \\ \hline \end{array}$$

㉚
$$\begin{array}{r} 4 \\ +\ 8 \\ \hline \end{array}$$

㉑
$$\begin{array}{r} 3 \\ +\ 8 \\ \hline \end{array}$$

㉖
$$\begin{array}{r} 8 \\ +\ 6 \\ \hline \end{array}$$

㉛
$$\begin{array}{r} 7 \\ +\ 4 \\ \hline \end{array}$$

㉒
$$\begin{array}{r} 9 \\ +\ 9 \\ \hline \end{array}$$

㉗
$$\begin{array}{r} 7 \\ +\ 6 \\ \hline \end{array}$$

㉜
$$\begin{array}{r} 9 \\ +\ 8 \\ \hline \end{array}$$

241016-1356 ~ 241016-1375

❋ 덧셈을 해 보세요.

연산Key
$$7+9=16$$

7. $4+9$

14. $4+8$

1. $6+6$

8. $9+6$

15. $5+9$

2. $5+8$

9. $8+3$

16. $6+5$

3. $2+9$

10. $9+5$

17. $9+8$

4. $8+6$

11. $4+7$

18. $7+7$

5. $5+6$

12. $8+5$

19. $8+4$

6. $6+7$

13. $7+8$

20. $9+9$

㉑
$$\begin{array}{r} 9 \\ +\ 7 \\ \hline \end{array}$$

㉒
$$\begin{array}{r} 3 \\ +\ 8 \\ \hline \end{array}$$

㉓
$$\begin{array}{r} 9 \\ +\ 4 \\ \hline \end{array}$$

㉔
$$\begin{array}{r} 7 \\ +\ 4 \\ \hline \end{array}$$

㉕
$$\begin{array}{r} 6 \\ +\ 9 \\ \hline \end{array}$$

㉖
$$\begin{array}{r} 6 \\ +\ 8 \\ \hline \end{array}$$

㉗
$$\begin{array}{r} 5 \\ +\ 7 \\ \hline \end{array}$$

㉘
$$\begin{array}{r} 9 \\ +\ 2 \\ \hline \end{array}$$

㉙
$$\begin{array}{r} 8 \\ +\ 7 \\ \hline \end{array}$$

㉚
$$\begin{array}{r} 3 \\ +\ 9 \\ \hline \end{array}$$

㉛
$$\begin{array}{r} 7 \\ +\ 5 \\ \hline \end{array}$$

㉜
$$\begin{array}{r} 8 \\ +\ 8 \\ \hline \end{array}$$

㉝
$$\begin{array}{r} 7 \\ +\ 6 \\ \hline \end{array}$$

㉞
$$\begin{array}{r} 9 \\ +\ 3 \\ \hline \end{array}$$

㉟
$$\begin{array}{r} 8 \\ +\ 9 \\ \hline \end{array}$$

241016-1391 ~ 241016-1404

✿ **빈칸에 알맞은 수를 써넣으세요.**

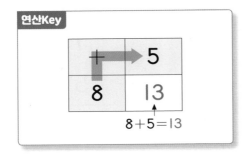

연산Key

+	→ 5
8	13

8+5=13

1

+	9
2	

2

+	6
8	

3

+	7
5	

4

+	8
7	

5

+	9
4	

6

+	7
7	

7

+	9
5	

8

+	7
4	

9

+	4
8	

10

+	6
9	

11

+	3
8	

12

+	7
6	

13

+	9
3	

14

+	5
6	

더해지는 수나 더하는 수를 10을 만들어 덧셈을 해 보세요.

학습 점검 | 학습 날짜 | 걸린 시간 | 맞은 개수
월   일 | 분   초 |

241016-1405 ～ 241016-1419

⑮
+	5
9	

⑳
+	8
6	

㉕
+	4
9	

⑯
+	4
7	

㉑
+	8
3	

㉖
+	5
7	

⑰
+	7
8	

㉒
+	9
9	

㉗
+	8
8	

⑱
+	8
4	

㉓
+	8
5	

㉘
+	6
5	

⑲
+	3
9	

㉔
+	6
6	

㉙
+	7
9	

(십몇)−(몇)=(몇)

학습목표

❶ 10이 되도록 뺀 후 계산하는 방법으로
(십몇)−(몇)=(몇)의 계산 익히기

❷ 10에서 뺀 후 계산하는 방법으로
(십몇)−(몇)=(몇)의 계산 익히기

처음으로 받아내림이 있는 뺄셈이 나오지만 앞에서 공부한 10을
이용하여 계산 원리를 이해하면 되니까 걱정하지 않아도 돼.
자, 그럼 시작해 볼까?

원리 깨치기

❶ 10이 되도록 뺀 후 계산해 보아요.

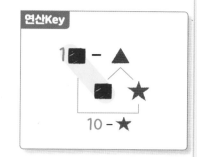

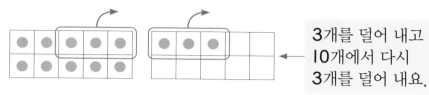

3개를 덜어 내고 10개에서 다시 3개를 덜어 내요.

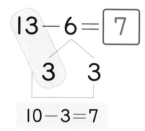

13 − 3 = 10,
10 − 3 = 7

① 6을 3과 3으로 가르기 하여 13에서 3을 빼면 10입니다.
② 남은 10에서 3을 빼면 7입니다.

❷ 10에서 뺀 후 계산해 보아요.

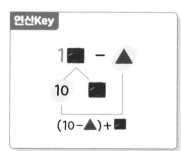

10개에서 6개를 덜어 내고 남은 3개를 더해요.

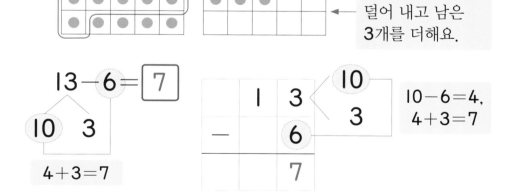

10 − 6 = 4,
4 + 3 = 7

① 13을 10과 3으로 가르기 하여 10에서 먼저 6을 빼면 4입니다.
② 남은 4와 3을 더하면 7입니다.

이해 안 되는 내용이 있으면 **한번 더 공부**하고 연산력 키우기로 넘어가세요.

241016-1420 ~ 241016-1433

✿ 뺄셈을 해 보세요.

연산Key

$11 - 5 = \boxed{6}$

1   4

$10 - 4 = 6$

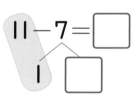

⑤ $13 - 6 = \boxed{}$
$\boxed{}$ 3

⑩ $17 - 9 = \boxed{}$
$\boxed{}$ $\boxed{}$

① $11 - 3 = \boxed{}$
1   $\boxed{}$

⑥ $12 - 4 = \boxed{}$
$\boxed{}$ 2

⑪ $13 - 8 = \boxed{}$
$\boxed{}$ $\boxed{}$

② $12 - 6 = \boxed{}$
2   $\boxed{}$

⑦ $11 - 7 = \boxed{}$
1   $\boxed{}$

⑫ $14 - 9 = \boxed{}$
$\boxed{}$ $\boxed{}$

③ $13 - 4 = \boxed{}$
3   $\boxed{}$

⑧ $14 - 6 = \boxed{}$
$\boxed{}$ 2

⑬ $15 - 7 = \boxed{}$
$\boxed{}$ $\boxed{}$

④ $14 - 7 = \boxed{}$
4   $\boxed{}$

⑨ $15 - 6 = \boxed{}$
$\boxed{}$ 1

⑭ $12 - 5 = \boxed{}$
$\boxed{}$ $\boxed{}$

1★에서 ★을 먼저 빼고 10에서 나머지 수를 빼는 방법으로 계산해 보세요.

241016-1434 ~ 241016-1448

⑮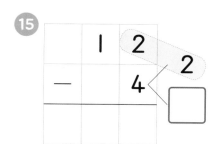

⑳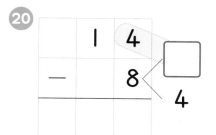

㉕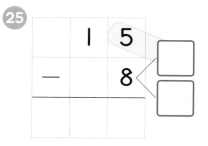

⑯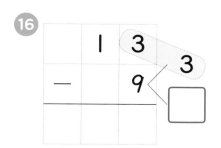

㉑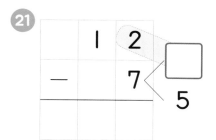

㉖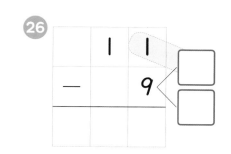

⑰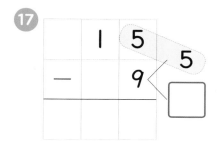

㉒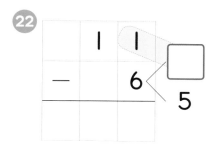

㉗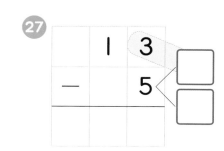

⑱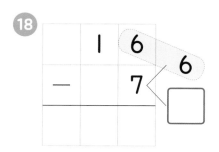

㉓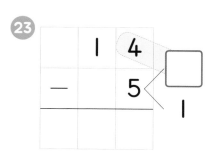

㉘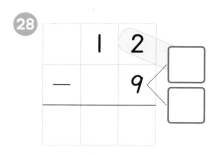

⑲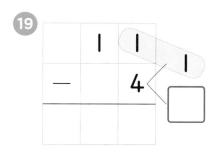

㉔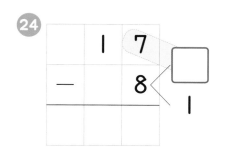

㉙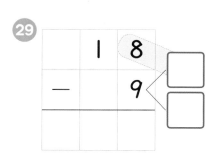

❀ **뺄셈을 해 보세요.**

241016-1449 ~ 241016-1462

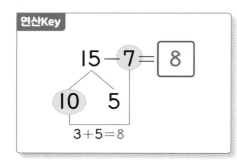

연산Key

$$15 - 7 = \boxed{8}$$
10   5
$$3 + 5 = 8$$

① $11 - 4 = \boxed{}$
  $\boxed{}$ 1

② $12 - 5 = \boxed{}$
  $\boxed{}$ 2

③ $13 - 8 = \boxed{}$
  $\boxed{}$ 3

④ $14 - 8 = \boxed{}$
  $\boxed{}$ 4

⑤ $11 - 7 = \boxed{}$
  10   $\boxed{}$

⑥ $13 - 9 = \boxed{}$
  10   $\boxed{}$

⑦ $16 - 8 = \boxed{}$
  10   $\boxed{}$

⑧ $12 - 4 = \boxed{}$
  10   $\boxed{}$

⑨ $17 - 9 = \boxed{}$
  10   $\boxed{}$

⑩ $13 - 5 = \boxed{}$
  $\boxed{}$ $\boxed{}$

⑪ $11 - 9 = \boxed{}$
  $\boxed{}$ $\boxed{}$

⑫ $11 - 6 = \boxed{}$
  $\boxed{}$ $\boxed{}$

⑬ $13 - 7 = \boxed{}$
  $\boxed{}$ $\boxed{}$

⑭ $12 - 9 = \boxed{}$
  $\boxed{}$ $\boxed{}$

1★을 10과 ★로 가른 후 10에서 먼저 빼고 나머지 수를 더하는 방법으로 계산해 보세요.

241016-1463 ~ 241016-1474

15
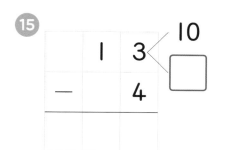

19
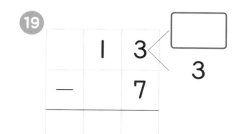

23
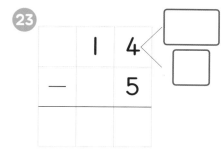

16
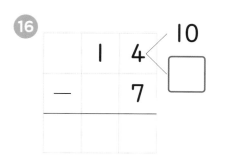

20
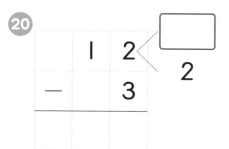

24
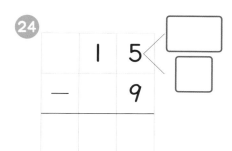

17
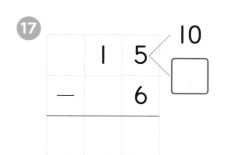

21
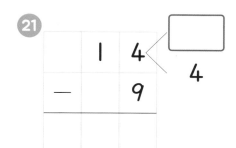

25
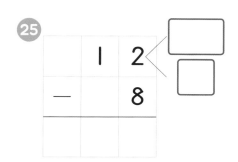

18
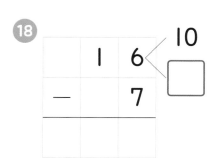

22
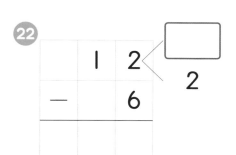

26
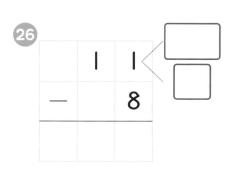

241016-1475 ~ 241016-1491

✿ 뺄셈을 해 보세요.

연산Key

$15 - 6 = 9$

$5 \quad 1$

$15 - 6 = 9$

$10 \quad 5$

1 $11 - 2$

2 $12 - 4$

3 $13 - 8$

4 $14 - 5$

5 $16 - 7$

6 $12 - 5$

7 $13 - 7$

8 $16 - 9$

9 $17 - 9$

10 $11 - 4$

11 $14 - 8$

12 $11 - 8$

13 $12 - 9$

14 $13 - 5$

15 $14 - 7$

16 $18 - 9$

17 $15 - 8$

241016-1492 ~ 241016-1506

⑱
$$\begin{array}{r} 1\ 2 \\ -\quad 3 \\ \hline \end{array}$$

⑲
$$\begin{array}{r} 1\ 4 \\ -\quad 6 \\ \hline \end{array}$$

⑳
$$\begin{array}{r} 1\ 1 \\ -\quad 3 \\ \hline \end{array}$$

㉑
$$\begin{array}{r} 1\ 5 \\ -\quad 7 \\ \hline \end{array}$$

㉒
$$\begin{array}{r} 1\ 1 \\ -\quad 9 \\ \hline \end{array}$$

㉓
$$\begin{array}{r} 1\ 3 \\ -\quad 4 \\ \hline \end{array}$$

㉔
$$\begin{array}{r} 1\ 1 \\ -\quad 5 \\ \hline \end{array}$$

㉕
$$\begin{array}{r} 1\ 2 \\ -\quad 6 \\ \hline \end{array}$$

㉖
$$\begin{array}{r} 1\ 7 \\ -\quad 8 \\ \hline \end{array}$$

㉗
$$\begin{array}{r} 1\ 4 \\ -\quad 9 \\ \hline \end{array}$$

㉘
$$\begin{array}{r} 1\ 2 \\ -\quad 7 \\ \hline \end{array}$$

㉙
$$\begin{array}{r} 1\ 6 \\ -\quad 8 \\ \hline \end{array}$$

㉚
$$\begin{array}{r} 1\ 3 \\ -\quad 6 \\ \hline \end{array}$$

㉛
$$\begin{array}{r} 1\ 1 \\ -\quad 7 \\ \hline \end{array}$$

㉜
$$\begin{array}{r} 1\ 5 \\ -\quad 9 \\ \hline \end{array}$$

1일차 2일차 3일차 4일차 5일차

241016-1507 ~ 241016-1523

✿ 뺄셈을 해 보세요.

연산Key

$$15-8=7$$

⑥ $14-7$

⑫ $13-6$

① $12-3$

⑦ $11-9$

⑬ $16-8$

② $11-2$

⑧ $12-5$

⑭ $11-6$

③ $14-8$

⑨ $17-9$

⑮ $14-9$

④ $16-9$

⑩ $11-4$

⑯ $12-7$

⑤ $13-4$

⑪ $15-6$

⑰ $11-8$

앞에서 공부한 10을 이용하여 뺄셈을 해 보세요.

241016-1524 ~ 241016-1538

⑱

	1	3
−		5

⑲

	1	2
−		4

⑳

	1	1
−		3

㉑

	1	6
−		7

㉒

	1	2
−		9

㉓

	1	4
−		5

㉔

	1	5
−		9

㉕

	1	8
−		9

㉖

	1	3
−		7

㉗

	1	1
−		7

㉘

	1	5
−		7

㉙

	1	1
−		5

㉚

	1	4
−		6

㉛

	1	7
−		8

㉜

	1	3
−		9

1일차 2일차 3일차 4일차 5일차

241016-1539 ~ 241016-1552

✽ 빈 곳에 알맞은 수를 써넣으세요.

연산Key

11 → −5 → 6

11−5=6

1 11 → −3 →

2 13 → −6 →

3 14 → −7 →

4 12 → −9 →

5 12 → −5 →

6 14 → −6 →

7 13 → −4 →

8 16 → −9 →

9 11 → −4 →

10 13 → −8 →

11 11 → −9 →

12 12 → −8 →

13 15 → −9 →

14 16 → −7 →

화살표 방향으로 뺀 수를 빈 곳에 써넣어요.

241016-1553 ~ 241016-1567

⑮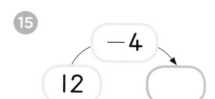

⑳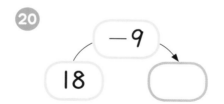

㉕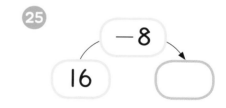

⑯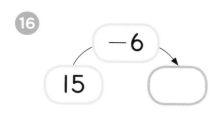

㉑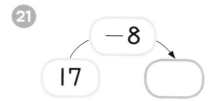

㉖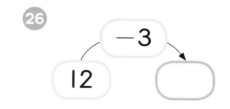

⑰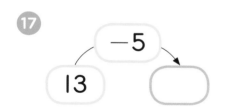

㉒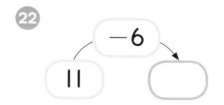

㉗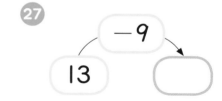

⑱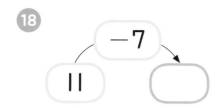

㉓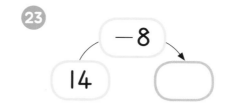

㉘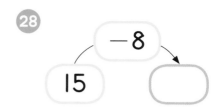

⑲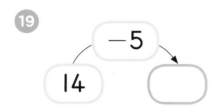

㉔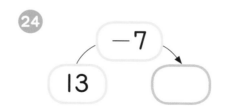

㉙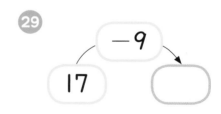

덧셈, 뺄셈 규칙으로 계산하기

학습목표

❶ 더하는 두 수가 규칙적으로 변하는 덧셈 익히기

❷ 빼는 두 수가 규칙적으로 변하는 뺄셈 익히기

(몇)＋(몇)과 (십몇)－(몇)을 10을 이용하여 잘 공부했는지 최종 점검해 볼 거야.
계산하다 보면 재미있는 규칙도 발견할 수 있어.

원리 깨치기

❶ 덧셈을 규칙으로 계산해 보아요.

1씩 커져요.	1씩 커져요.

$$9 + 4 = 13$$
$$9 + 5 = 14$$
$$9 + 6 = 15$$
$$9 + 7 = 16$$

1씩 커지는 수를 더하면 합도 1씩 커집니다.

1씩 커져요.	1씩 작아져요.

$$4 + 7 = 11$$
$$5 + 6 = 11$$
$$6 + 5 = 11$$
$$7 + 4 = 11$$

합은 11로 같아요.

더하는 한 수는 1씩 커지고, 다른 한 수는 1씩 작아지면 합은 같습니다.

덧셈의 규칙

① ● + ▲ = ■에서 ● 또는 ▲가 1씩 커지면 ■도 1씩 커져요.
② ● + ▲ = ■에서 ●는 1씩 커지고, ▲는 1씩 작아지면 ■는 같아요.

❷ 뺄셈을 규칙으로 계산해 보아요.

1씩 커져요.	1씩 작아져요.

$$13 - 5 = 8$$
$$13 - 6 = 7$$
$$13 - 7 = 6$$
$$13 - 8 = 5$$

1씩 커지는 수를 빼면 차는 1씩 작아집니다.

1씩 작아져요.	

$$15 - 9 = 6$$
$$14 - 8 = 6$$
$$13 - 7 = 6$$
$$12 - 6 = 6$$

차는 6으로 같아요.

빼는 두 수가 1씩 작아지면 차는 같습니다.

연산Key

뺄셈의 규칙

① ● − ▲ = ■에서 ▲가 1씩 커지면 ■는 1씩 작아져요.
② ● − ▲ = ■에서 ●와 ▲가 각각 1씩 작아지면 ■는 같아요.

241016-1568 ~ 241016-1575

❀ **덧셈을 해 보세요.**

연산Key

$9+3=\boxed{12}$
↓ +1
$9+4=\boxed{13}$
↓ +1
$9+5=\boxed{14}$

더하는 수가 1씩 커지면 합도 1씩 커져요.

③
$5+6=\boxed{}$
$5+7=\boxed{}$
$5+8=\boxed{}$

⑥
$4+7=\boxed{}$
$4+8=\boxed{}$
$4+9=\boxed{}$

①
$7+4=\boxed{}$
$7+5=\boxed{}$
$7+6=\boxed{}$

④
$7+7=\boxed{}$
$7+8=\boxed{}$
$7+9=\boxed{}$

⑦
$6+7=\boxed{}$
$6+8=\boxed{}$
$6+9=\boxed{}$

②
$8+7=\boxed{}$
$8+8=\boxed{}$
$8+9=\boxed{}$

⑤
$8+3=\boxed{}$
$8+4=\boxed{}$
$8+5=\boxed{}$

⑧
$9+7=\boxed{}$
$9+8=\boxed{}$
$9+9=\boxed{}$

⑨
$6+5=\boxed{}$
$7+5=\boxed{}$
$8+5=\boxed{}$

⑬
$2+9=\boxed{}$
$3+9=\boxed{}$
$4+9=\boxed{}$

⑰
$7+8=\boxed{}$
$8+8=\boxed{}$
$9+8=\boxed{}$

⑩
$5+6=\boxed{}$
$6+6=\boxed{}$
$7+6=\boxed{}$

⑭
$7+4=\boxed{}$
$8+4=\boxed{}$
$9+4=\boxed{}$

⑱
$4+7=\boxed{}$
$5+7=\boxed{}$
$6+7=\boxed{}$

⑪
$7+7=\boxed{}$
$8+7=\boxed{}$
$9+7=\boxed{}$

⑮
$5+8=\boxed{}$
$6+8=\boxed{}$
$7+8=\boxed{}$

⑲
$7+6=\boxed{}$
$8+6=\boxed{}$
$9+6=\boxed{}$

⑫
$3+8=\boxed{}$
$4+8=\boxed{}$
$5+8=\boxed{}$

⑯
$7+9=\boxed{}$
$8+9=\boxed{}$
$9+9=\boxed{}$

⑳
$4+9=\boxed{}$
$5+9=\boxed{}$
$6+9=\boxed{}$

241016-1588 ~ 241016-1595

❀ **뺄셈을 해 보세요.**

연산Key

$$12 - 3 = \boxed{9}$$
↓ +1
$$12 - 4 = \boxed{8}$$
↓ +1
$$12 - 5 = \boxed{7}$$

1씩 커지는 수를 빼면 차는 1씩 작아져요.

③
$$11 - 7 = \boxed{}$$
$$11 - 8 = \boxed{}$$
$$11 - 9 = \boxed{}$$

⑥
$$13 - 7 = \boxed{}$$
$$13 - 8 = \boxed{}$$
$$13 - 9 = \boxed{}$$

①
$$15 - 7 = \boxed{}$$
$$15 - 8 = \boxed{}$$
$$15 - 9 = \boxed{}$$

④
$$12 - 7 = \boxed{}$$
$$12 - 8 = \boxed{}$$
$$12 - 9 = \boxed{}$$

⑦
$$15 - 6 = \boxed{}$$
$$15 - 7 = \boxed{}$$
$$15 - 8 = \boxed{}$$

②
$$14 - 7 = \boxed{}$$
$$14 - 8 = \boxed{}$$
$$14 - 9 = \boxed{}$$

⑤
$$13 - 4 = \boxed{}$$
$$13 - 5 = \boxed{}$$
$$13 - 6 = \boxed{}$$

⑧
$$16 - 7 = \boxed{}$$
$$16 - 8 = \boxed{}$$
$$16 - 9 = \boxed{}$$

241016-1596 ~ 241016-1607

9
$11 - 6 = \boxed{}$
$11 - 5 = \boxed{}$
$11 - 4 = \boxed{}$

13
$14 - 9 = \boxed{}$
$14 - 8 = \boxed{}$
$14 - 7 = \boxed{}$

17
$13 - 6 = \boxed{}$
$13 - 5 = \boxed{}$
$13 - 4 = \boxed{}$

10
$12 - 9 = \boxed{}$
$12 - 8 = \boxed{}$
$12 - 7 = \boxed{}$

14
$15 - 9 = \boxed{}$
$15 - 8 = \boxed{}$
$15 - 7 = \boxed{}$

18
$16 - 9 = \boxed{}$
$16 - 8 = \boxed{}$
$16 - 7 = \boxed{}$

11
$11 - 9 = \boxed{}$
$11 - 8 = \boxed{}$
$11 - 7 = \boxed{}$

15
$12 - 6 = \boxed{}$
$12 - 5 = \boxed{}$
$12 - 4 = \boxed{}$

19
$14 - 7 = \boxed{}$
$14 - 6 = \boxed{}$
$14 - 5 = \boxed{}$

12
$13 - 9 = \boxed{}$
$13 - 8 = \boxed{}$
$13 - 7 = \boxed{}$

16
$11 - 4 = \boxed{}$
$11 - 3 = \boxed{}$
$11 - 2 = \boxed{}$

20
$15 - 8 = \boxed{}$
$15 - 7 = \boxed{}$
$15 - 6 = \boxed{}$

1일차 2일차 3일차 4일차 5일차

241016-1608 ~ 241016-1615

❋ 덧셈을 해 보세요.

연산Key

$4+7=\boxed{}$

$5+6=\boxed{}$

$6+5=\boxed{}$

더하는 한 수는 1씩 커지고, 다른 한 수는 1씩 작아지면 합은 같아요.

③
$7+6=\boxed{}$
$8+5=\boxed{}$
$9+4=\boxed{}$

⑥
$6+9=\boxed{}$
$7+8=\boxed{}$
$8+7=\boxed{}$

①
$2+9=\boxed{}$
$3+8=\boxed{}$
$4+7=\boxed{}$

④
$3+9=\boxed{}$
$4+8=\boxed{}$
$5+7=\boxed{}$

⑦
$4+9=\boxed{}$
$5+8=\boxed{}$
$6+7=\boxed{}$

②
$7+5=\boxed{}$
$8+4=\boxed{}$
$9+3=\boxed{}$

⑤
$5+9=\boxed{}$
$6+8=\boxed{}$
$7+7=\boxed{}$

⑧
$7+9=\boxed{}$
$8+8=\boxed{}$
$9+7=\boxed{}$

더하는 두 수 중 한 수는 |씩 커지고, 한 수는
|씩 작아지면 합은 같아요.

241016-1616 ~ 241016-1627

9
$4+7=\boxed{}$

$3+8=\boxed{}$

$2+9=\boxed{}$

13
$7+7=\boxed{}$

$6+8=\boxed{}$

$5+9=\boxed{}$

17
$9+2=\boxed{}$

$8+3=\boxed{}$

$7+4=\boxed{}$

10
$7+5=\boxed{}$

$6+6=\boxed{}$

$5+7=\boxed{}$

14
$9+4=\boxed{}$

$8+5=\boxed{}$

$7+6=\boxed{}$

18
$9+7=\boxed{}$

$8+8=\boxed{}$

$7+9=\boxed{}$

11
$6+7=\boxed{}$

$5+8=\boxed{}$

$4+9=\boxed{}$

15
$5+7=\boxed{}$

$4+8=\boxed{}$

$3+9=\boxed{}$

19
$6+5=\boxed{}$

$5+6=\boxed{}$

$4+7=\boxed{}$

12
$9+6=\boxed{}$

$8+7=\boxed{}$

$7+8=\boxed{}$

16
$9+3=\boxed{}$

$8+4=\boxed{}$

$7+5=\boxed{}$

20
$9+5=\boxed{}$

$8+6=\boxed{}$

$7+7=\boxed{}$

1일차 2일차 3일차 4일차 5일차

🌸 **뺄셈을 해 보세요.**

241016-1628 ~ 241016-1635

연산Key

$14 - 7 = \boxed{7}$
$\downarrow +1 \quad \downarrow +1$
$15 - 8 = \boxed{7}$
$\downarrow +1 \quad \downarrow +1$
$16 - 9 = \boxed{7}$

빼는 두 수가 1씩 커지면 차는 같아요.

3
$11 - 5 = \boxed{}$
$12 - 6 = \boxed{}$
$13 - 7 = \boxed{}$

6
$15 - 7 = \boxed{}$
$16 - 8 = \boxed{}$
$17 - 9 = \boxed{}$

1
$12 - 4 = \boxed{}$
$13 - 5 = \boxed{}$
$14 - 6 = \boxed{}$

4
$11 - 2 = \boxed{}$
$12 - 3 = \boxed{}$
$13 - 4 = \boxed{}$

7
$14 - 5 = \boxed{}$
$15 - 6 = \boxed{}$
$16 - 7 = \boxed{}$

2
$16 - 7 = \boxed{}$
$17 - 8 = \boxed{}$
$18 - 9 = \boxed{}$

5
$13 - 6 = \boxed{}$
$14 - 7 = \boxed{}$
$15 - 8 = \boxed{}$

8
$11 - 7 = \boxed{}$
$12 - 8 = \boxed{}$
$13 - 9 = \boxed{}$

⑨
$13-5=\boxed{}$
$12-4=\boxed{}$
$11-3=\boxed{}$

⑬
$17-9=\boxed{}$
$16-8=\boxed{}$
$15-7=\boxed{}$

⑰
$13-7=\boxed{}$
$12-6=\boxed{}$
$11-5=\boxed{}$

⑩
$14-6=\boxed{}$
$13-5=\boxed{}$
$12-4=\boxed{}$

⑭
$13-6=\boxed{}$
$12-5=\boxed{}$
$11-4=\boxed{}$

⑱
$15-6=\boxed{}$
$14-5=\boxed{}$
$13-4=\boxed{}$

⑪
$16-9=\boxed{}$
$15-8=\boxed{}$
$14-7=\boxed{}$

⑮
$14-9=\boxed{}$
$13-8=\boxed{}$
$12-7=\boxed{}$

⑲
$13-9=\boxed{}$
$12-8=\boxed{}$
$11-7=\boxed{}$

⑫
$13-4=\boxed{}$
$12-3=\boxed{}$
$11-2=\boxed{}$

⑯
$15-9=\boxed{}$
$14-8=\boxed{}$
$13-7=\boxed{}$

⑳
$18-9=\boxed{}$
$17-8=\boxed{}$
$16-7=\boxed{}$

241016-1648 ~ 241016-1655

❀ 덧셈과 뺄셈을 해 보세요.

연산Key

4+7	4+8	4+9
11	12	13
5+7	5+8	5+9
12	13	14
6+7	6+8	6+9
13	14	15

3

6+5	6+6	6+7
7+5	7+6	7+7
8+5	8+6	8+7

6

7+4	8+4	9+4
7+5	8+5	9+5
7+6	8+6	9+6

1

7+4	7+5	7+6
8+4	8+5	8+6
9+4	9+5	9+6

4

7+7	8+7	9+7
7+8	8+8	9+8
7+9	8+9	9+9

7

5+6	6+6	7+6
5+7	6+7	7+7
5+8	6+8	7+8

2

8+8	7+8	6+8
8+7	7+7	6+7
8+6	7+6	6+6

5

4+7	5+7	6+7
4+8	5+8	6+8
4+9	5+9	6+9

8

9+7	9+8	9+9
8+7	8+8	8+9
7+7	7+8	7+9

계산 결과가 오른쪽 또는 아래로 갈수록 어떻게 변하는지 확인해 보세요.

241016-1656 ~ 241016-1664

9

11−4	11−5	11−6
12−4	12−5	12−6
13−4	13−5	13−6

12

13−6	14−6	15−6
13−7	14−7	15−7
13−8	14−8	15−8

15

14−7	15−7	16−7
14−8	15−8	16−8
14−9	15−9	16−9

10

12−7	12−8	12−9
13−7	13−8	13−9
14−7	14−8	14−9

13

14−7	14−8	14−9
15−7	15−8	15−9
16−7	16−8	16−9

16

11−4	12−4	13−4
11−5	12−5	13−5
11−6	12−6	13−6

11

13−6	12−6	11−6
13−5	12−5	11−5
13−4	12−4	11−4

14

16−9	16−8	16−7
15−9	15−8	15−7
14−9	14−8	14−7

17

14−7	14−6	14−5
13−7	13−6	13−5
12−7	12−6	12−5

MEMO

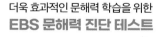

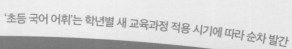

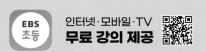

초 | 등 | 부 | 터 **EBS**
새 교육과정 반영

인터넷·모바일·TV
무료 강의 제공

만점왕
연산

정답

2단계
초등 1학년 권장

만점왕 연산

2단계
초등 1학년 권장

정답

연산 1차시

(몇십)+(몇),
(몇십몇)+(몇)

1일차

10~11쪽

⑤
$$\begin{array}{r} 4\ 2 \\ +\quad 5 \\ \hline 4\ 7 \end{array}$$

⑩
$$\begin{array}{r} 6\ 1 \\ +\quad 4 \\ \hline 6\ 5 \end{array}$$

⑮
$$\begin{array}{r} 5\ 0 \\ +\quad 9 \\ \hline 5\ 9 \end{array}$$

⑳
$$\begin{array}{r} 3\ 5 \\ +\quad 3 \\ \hline 3\ 8 \end{array}$$

㉕
$$\begin{array}{r} 4 \\ +\ 7\ 1 \\ \hline 7\ 5 \end{array}$$

①
$$\begin{array}{r} 2\ 0 \\ +\quad 4 \\ \hline 2\ 4 \end{array}$$

⑥
$$\begin{array}{r} 7\ 3 \\ +\quad 3 \\ \hline 7\ 6 \end{array}$$

⑪
$$\begin{array}{r} 4\ 4 \\ +\quad 3 \\ \hline 4\ 7 \end{array}$$

⑯
$$\begin{array}{r} 7\ 0 \\ +\quad 5 \\ \hline 7\ 5 \end{array}$$

㉑
$$\begin{array}{r} 6\ 3 \\ +\quad 4 \\ \hline 6\ 7 \end{array}$$

㉖
$$\begin{array}{r} 6 \\ +\ 3\ 1 \\ \hline 3\ 7 \end{array}$$

②
$$\begin{array}{r} 5\ 0 \\ +\quad 7 \\ \hline 5\ 7 \end{array}$$

⑦
$$\begin{array}{r} 6\ 4 \\ +\quad 2 \\ \hline 6\ 6 \end{array}$$

⑫
$$\begin{array}{r} 8\ 0 \\ +\quad 6 \\ \hline 8\ 6 \end{array}$$

⑰
$$\begin{array}{r} 4\ 1 \\ +\quad 3 \\ \hline 4\ 4 \end{array}$$

㉒
$$\begin{array}{r} 7\ 5 \\ +\quad 2 \\ \hline 7\ 7 \end{array}$$

㉗
$$\begin{array}{r} 7 \\ +\ 6\ 2 \\ \hline 6\ 9 \end{array}$$

③
$$\begin{array}{r} 2\ 3 \\ +\quad 1 \\ \hline 2\ 4 \end{array}$$

⑧
$$\begin{array}{r} 8\ 3 \\ +\quad 6 \\ \hline 8\ 9 \end{array}$$

⑬
$$\begin{array}{r} 7\ 4 \\ +\quad 1 \\ \hline 7\ 5 \end{array}$$

⑱
$$\begin{array}{r} 2\ 2 \\ +\quad 6 \\ \hline 2\ 8 \end{array}$$

㉓
$$\begin{array}{r} 9\ 1 \\ +\quad 7 \\ \hline 9\ 8 \end{array}$$

㉘
$$\begin{array}{r} 2 \\ +\ 4\ 3 \\ \hline 4\ 5 \end{array}$$

④
$$\begin{array}{r} 3\ 2 \\ +\quad 3 \\ \hline 3\ 5 \end{array}$$

⑨
$$\begin{array}{r} 3\ 4 \\ +\quad 5 \\ \hline 3\ 9 \end{array}$$

⑭
$$\begin{array}{r} 9\ 5 \\ +\quad 2 \\ \hline 9\ 7 \end{array}$$

⑲
$$\begin{array}{r} 5\ 4 \\ +\quad 2 \\ \hline 5\ 6 \end{array}$$

㉔
$$\begin{array}{r} 8\ 4 \\ +\quad 5 \\ \hline 8\ 9 \end{array}$$

㉙
$$\begin{array}{r} 8 \\ +\ 8\ 1 \\ \hline 8\ 9 \end{array}$$

2일차

12~13쪽

⑥ 72+5= 7 7
⑫ 56+3= 5 9
⑱ 20+8= 2 8
㉔ 92+2= 9 4
㉚ 1+28= 2 9

① 30+2= 3 2
⑦ 82+4= 8 6
⑬ 74+4= 7 8
⑲ 70+3= 7 3
㉕ 35+4= 3 9
㉛ 2+46= 4 8

② 90+5= 9 5
⑧ 56+1= 5 7
⑭ 22+5= 2 7
⑳ 32+5= 3 7
㉖ 58+1= 5 9
㉜ 8+71= 7 9

③ 25+1= 2 6
⑨ 36+2= 3 8
⑮ 94+2= 9 6
㉑ 41+5= 4 6
㉗ 24+2= 2 6
㉝ 3+63= 6 6

④ 63+6= 6 9
⑩ 45+3= 4 8
⑯ 63+3= 6 6
㉒ 62+4= 6 6
㉘ 81+5= 8 6
㉞ 2+55= 5 7

⑤ 42+2= 4 4
⑪ 21+8= 2 9
⑰ 31+5= 3 6
㉓ 82+7= 8 9
㉙ 96+3= 9 9
㉟ 1+37= 3 8

3일차

⑤ 51 + 4 = 55 ⑩ 44 + 2 = 46 ⑮ 80 + 1 = 81 ⑳ 93 + 3 = 96 ㉕ 2 + 66 = 68

① 30 + 8 = 38 ⑥ 46 + 3 = 49 ⑪ 92 + 7 = 99 ⑯ 45 + 2 = 47 ㉑ 56 + 2 = 58 ㉖ 3 + 25 = 28

② 53 + 4 = 57 ⑦ 62 + 6 = 68 ⑫ 33 + 5 = 38 ⑰ 73 + 6 = 79 ㉒ 83 + 2 = 85 ㉗ 1 + 56 = 57

③ 27 + 2 = 29 ⑧ 87 + 2 = 89 ⑬ 21 + 4 = 25 ⑱ 22 + 4 = 26 ㉓ 31 + 6 = 37 ㉘ 4 + 34 = 38

④ 43 + 5 = 48 ⑨ 95 + 3 = 98 ⑭ 71 + 5 = 76 ⑲ 53 + 5 = 58 ㉔ 62 + 5 = 67 ㉙ 3 + 76 = 79

4일차
16~17쪽

① 20+9=29 ⑥ 26+2=28 ⑫ 92+6=98 ⑱ 66+3=69 ㉔ 40+9=49 ㉚ 7+22=29

② 32+4=36 ⑦ 64+5=69 ⑬ 53+3=56 ⑲ 28+1=29 ㉕ 82+6=88 ㉛ 3+75=78

③ 47+1=48 ⑧ 42+6=48 ⑭ 36+1=37 ⑳ 72+3=75 ㉖ 31+8=39 ㉜ 7+52=59

④ 62+2=64 ⑨ 73+4=77 ⑮ 85+4=89 ㉑ 93+2=95 ㉗ 63+2=65 ㉝ 4+33=37

⑤ 54+5=59 ⑩ 37+2=39 ⑯ 21+7=28 ㉒ 55+1=56 ㉘ 95+4=99 ㉞ 3+42=45

   ⑪ 82+3=85 ⑰ 76+2=78 ㉓ 43+4=47 ㉙ 27+1=28 ㉟ 4+94=98

5일차
18~19쪽

⑤ +4, 30 | 34 ⑩ +1, 45 | 46 ⑮ +5, 24 | 29 ⑳ +4, 45 | 49 ㉕ +2, 57 | 59

① +1, 24 | 25 ⑥ +3, 64 | 67 ⑪ +4, 75 | 79 ⑯ +4, 54 | 58 ㉑ +7, 72 | 79 ㉖ +5, 63 | 68

② +2, 52 | 54 ⑦ +2, 35 | 37 ⑫ +5, 82 | 87 ⑰ +9, 60 | 69 ㉒ +3, 34 | 37 ㉗ +3, 83 | 86

③ +6, 72 | 78 ⑧ +2, 47 | 49 ⑬ +4, 55 | 59 ⑱ +3, 85 | 88 ㉓ +2, 97 | 99 ㉘ +2, 74 | 76

④ +4, 92 | 96 ⑨ +2, 25 | 27 ⑭ +2, 96 | 98 ⑲ +1, 38 | 39 ㉔ +5, 23 | 28 ㉙ +4, 65 | 69

(몇십)+(몇십),
(몇십몇)+(몇십몇)

1일차

22~23쪽

⑤
```
   2 3
 + 1 4
   3 7
```

⑩
```
   2 1
 + 3 5
   5 6
```

⑮
```
   1 6
 + 2 1
   3 7
```

⑳
```
   3 1
 + 2 4
   5 5
```

㉕
```
   2 2
 + 2 4
   4 6
```

①
```
   1 0
 + 3 0
   4 0
```

⑥
```
   3 2
 + 2 6
   5 8
```

⑪
```
   7 0
 + 2 0
   9 0
```

⑯
```
   4 0
 + 1 9
   5 9
```

㉑
```
   5 7
 + 4 0
   9 7
```

㉖
```
   4 3
 + 5 1
   9 4
```

②
```
   2 0
 + 6 0
   8 0
```

⑦
```
   5 2
 + 1 4
   6 6
```

⑫
```
   3 4
 + 5 1
   8 5
```

⑰
```
   3 0
 + 6 0
   9 0
```

㉒
```
   2 0
 + 4 8
   6 8
```

㉗
```
   3 3
 + 4 5
   7 8
```

③
```
   3 4
 + 3 0
   6 4
```

⑧
```
   6 1
 + 2 5
   8 6
```

⑬
```
   4 5
 + 3 3
   7 8
```

⑱
```
   4 0
 + 4 7
   8 7
```

㉓
```
   7 4
 + 1 5
   8 9
```

㉘
```
   5 1
 + 1 3
   6 4
```

④
```
   5 0
 + 3 6
   8 6
```

⑨
```
   6 0
 + 2 9
   8 9
```

⑭
```
   8 4
 + 1 5
   9 9
```

⑲
```
   6 4
 + 1 2
   7 6
```

㉔
```
   1 3
 + 4 4
   5 7
```

㉙
```
   8 2
 + 1 6
   9 8
```

2일차

24~25쪽

⑥ 14+42= 5 6
⑫ 32+36= 6 8
⑱ 16+50= 6 6
㉔ 36+22= 5 8
㉚ 23+64= 8 7

① 20+30= 5 0
⑦ 62+37= 9 9
⑬ 22+71= 9 3
⑲ 26+21= 4 7
㉕ 44+33= 7 7
㉛ 73+22= 9 5

② 16+21= 3 7
⑧ 25+20= 4 5
⑭ 46+23= 6 9
⑳ 40+47= 8 7
㉖ 24+32= 5 6
㉜ 12+25= 3 7

③ 31+13= 4 4
⑨ 46+41= 8 7
⑮ 16+72= 8 8
㉑ 52+32= 8 4
㉗ 54+41= 9 5
㉝ 56+12= 6 8

④ 50+18= 6 8
⑩ 34+45= 7 9
⑯ 83+14= 9 7
㉒ 37+30= 6 7
㉘ 62+26= 8 8
㉞ 32+57= 8 9

⑤ 40+40= 8 0
⑪ 12+53= 6 5
⑰ 55+23= 7 8
㉓ 61+18= 7 9
㉙ 21+16= 3 7
㉟ 80+16= 9 6

⑤
```
   3 5
 + 3 2
   6 7
```

⑩
```
   2 7
 + 1 1
   3 8
```

⑮
```
   2 5
 + 1 3
   3 8
```

⑳
```
   1 7
 + 6 1
   7 8
```

㉕
```
   8 3
 + 1 5
   9 8
```

❶
```
   2 0
 + 3 0
   5 0
```

⑥
```
   4 1
 + 3 2
   7 3
```

⑪
```
   1 2
 + 5 7
   6 9
```

⑯
```
   1 6
 + 1 3
   2 9
```

㉑
```
   5 4
 + 2 5
   7 9
```

㉖
```
   4 5
 + 3 3
   7 8
```

❷
```
   1 4
 + 2 3
   3 7
```

⑦
```
   5 3
 + 3 2
   8 5
```

⑫
```
   4 6
 + 5 0
   9 6
```

⑰
```
   4 3
 + 1 6
   5 9
```

㉒
```
   2 3
 + 4 1
   6 4
```

㉗
```
   3 6
 + 6 1
   9 7
```

❸
```
   4 0
 + 1 9
   5 9
```

⑧
```
   2 4
 + 5 1
   7 5
```

⑬
```
   3 2
 + 4 3
   7 5
```

⑱
```
   6 0
 + 3 0
   9 0
```

㉓
```
   5 1
 + 1 7
   6 8
```

㉘
```
   4 3
 + 4 6
   8 9
```

❹
```
   3 4
 + 1 3
   4 7
```

⑨
```
   3 2
 + 2 3
   5 5
```

⑭
```
   8 4
 + 1 3
   9 7
```

⑲
```
   4 2
 + 4 3
   8 5
```

㉔
```
   2 5
 + 5 0
   7 5
```

㉙
```
   7 6
 + 2 2
   9 8
```

⑥ $22+27=49$ ⑫ $12+53=65$ ⑱ $25+31=56$ ㉔ $52+31=83$ ㉚ $43+25=68$

❶ $17+52=69$ ⑦ $31+25=56$ ⑬ $57+41=98$ ⑲ $22+23=45$ ㉕ $73+12=85$ ㉛ $33+61=94$

❷ $20+74=94$ ⑧ $43+52=95$ ⑭ $63+16=79$ ⑳ $50+16=66$ ㉖ $85+11=96$ ㉜ $72+26=98$

❸ $36+50=86$ ⑨ $14+14=28$ ⑮ $37+62=99$ ㉑ $41+45=86$ ㉗ $34+42=76$ ㉝ $12+64=76$

❹ $40+33=73$ ⑩ $54+15=69$ ⑯ $48+41=89$ ㉒ $32+16=48$ ㉘ $44+55=99$ ㉞ $27+42=69$

❺ $53+35=88$ ⑪ $23+34=57$ ⑰ $19+80=99$ ㉓ $62+37=99$ ㉙ $15+41=56$ ㉟ $51+24=75$

⑤
+	32
65	97

⑩
+	25
33	58

⑮
+	23
15	38

⑳
+	31
22	53

㉕
+	34
42	76

❶
+	60
10	70

⑥
+	46
21	67

⑪
+	42
35	77

⑯
+	11
27	38

㉑
+	71
13	84

㉖
+	50
45	95

❷
+	23
20	43

⑦
+	22
45	67

⑫
+	31
54	85

⑰
+	24
32	56

㉒
+	26
41	67

㉗
+	28
51	79

❸
+	11
34	45

⑧
+	24
52	76

⑬
+	74
23	97

⑱
+	13
41	54

㉓
+	31
37	68

㉘
+	52
17	69

❹
+	13
83	96

⑨
+	25
14	39

⑭
+	51
43	94

⑲
+	22
64	86

㉔
+	36
51	87

㉙
+	13
82	95

연산 **3차시**

(몇십몇)−(몇)

1일차

34~35쪽

⑤
```
    6 6
  −   5
    6 1
```

⑩
```
    4 8
  −   7
    4 1
```

⑮
```
    2 5
  −   2
    2 3
```

⑳
```
    4 9
  −   7
    4 2
```

㉕
```
    6 9
  −   5
    6 4
```

①
```
    2 1
  −   1
    2 0
```

⑥
```
    7 8
  −   4
    7 4
```

⑪
```
    5 9
  −   4
    5 5
```

⑯
```
    3 8
  −   3
    3 5
```

㉑
```
    5 4
  −   2
    5 2
```

㉖
```
    5 8
  −   5
    5 3
```

②
```
    3 6
  −   6
    3 0
```

⑦
```
    8 2
  −   1
    8 1
```

⑫
```
    6 7
  −   3
    6 4
```

⑰
```
    4 7
  −   1
    4 6
```

㉒
```
    8 5
  −   2
    8 3
```

㉗
```
    7 8
  −   8
    7 0
```

③
```
    4 7
  −   4
    4 3
```

⑧
```
    9 6
  −   2
    9 4
```

⑬
```
    7 3
  −   2
    7 1
```

⑱
```
    5 6
  −   2
    5 4
```

㉓
```
    9 6
  −   5
    9 1
```

㉘
```
    8 9
  −   3
    8 6
```

④
```
    3 7
  −   3
    3 4
```

⑨
```
    2 6
  −   4
    2 2
```

⑭
```
    8 5
  −   4
    8 1
```

⑲
```
    6 8
  −   6
    6 2
```

㉔
```
    3 7
  −   4
    3 3
```

㉙
```
    9 8
  −   7
    9 1
```

2일차

36~37쪽

⑥ 35−2= 3 3   ⑫ 29−3= 2 6   ⑱ 45−3= 4 2   ㉔ 72−2= 7 0   ㉚ 58−2= 5 6

① 24−3= 2 1   ⑦ 63−1= 6 2   ⑬ 48−8= 4 0   ⑲ 32−1= 3 1   ㉕ 69−8= 6 1   ㉛ 29−8= 2 1

② 43−1= 4 2   ⑧ 27−2= 2 5   ⑭ 79−6= 7 3   ⑳ 28−6= 2 2   ㉖ 46−4= 4 2   ㉜ 49−7= 4 2

③ 34−4= 3 0   ⑨ 98−3= 9 5   ⑮ 56−5= 5 1   ㉑ 73−1= 7 2   ㉗ 59−3= 5 6   ㉝ 86−5= 8 1

④ 52−1= 5 1   ⑩ 57−4= 5 3   ⑯ 38−7= 3 1   ㉒ 44−2= 4 2   ㉘ 29−7= 2 2   ㉞ 77−5= 7 2

⑤ 67−2= 6 5   ⑪ 48−5= 4 3   ⑰ 88−4= 8 4   ㉓ 87−3= 8 4   ㉙ 98−6= 9 2   ㉟ 39−9= 3 0

6

3일차

38~39쪽

⑤ 87 − 5 = 82 ⑩ 74 − 2 = 72 ⑮ 28 − 7 = 21 ⑳ 89 − 1 = 88 ㉕ 56 − 1 = 55

① 26 − 1 = 25 ⑥ 39 − 8 = 31 ⑪ 59 − 4 = 55 ⑯ 48 − 4 = 44 ㉑ 98 − 4 = 94 ㉖ 36 − 4 = 32

② 39 − 3 = 36 ⑦ 87 − 1 = 86 ⑫ 62 − 2 = 60 ⑰ 69 − 6 = 63 ㉒ 49 − 9 = 40 ㉗ 86 − 3 = 83

③ 55 − 2 = 53 ⑧ 93 − 1 = 92 ⑬ 75 − 3 = 72 ⑱ 57 − 6 = 51 ㉓ 88 − 7 = 81 ㉘ 78 − 6 = 72

④ 77 − 3 = 74 ⑨ 68 − 4 = 64 ⑭ 99 − 7 = 92 ⑲ 79 − 4 = 75 ㉔ 97 − 4 = 93 ㉙ 99 − 9 = 90

4일차

40~41쪽

⑥ 77−7=70   ⑫ 49−3=46   ⑱ 27−4=23   ㉔ 39−4=35   ㉚ 76−5=71

① 28−1=27   ⑦ 97−1=96   ⑬ 27−3=24   ⑲ 58−6=52   ㉕ 47−3=44   ㉛ 29−9=20

② 57−1=56   ⑧ 38−5=33   ⑭ 58−4=54   ⑳ 64−2=62   ㉖ 76−3=73   ㉜ 87−1=86

③ 78−4=74   ⑨ 29−2=27   ⑮ 59−8=51   ㉑ 36−3=33   ㉗ 67−5=62   ㉝ 48−6=42

④ 36−1=35   ⑩ 46−5=41   ⑯ 39−7=32   ㉒ 89−5=84   ㉘ 26−4=22   ㉞ 69−9=60

⑤ 95−3=92   ⑪ 68−1=67   ⑰ 88−6=82   ㉓ 46−1=45   ㉙ 98−5=93   ㉟ 37−5=32

5일차

42~43쪽

⑤ 96 −5 → 91   ⑩ 77 −6 → 71   ⑮ 38 −3 → 35   ⑳ 39 −5 → 34   ㉕ 76 −1 → 75

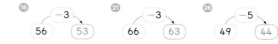

① 27 −6 → 21   ⑥ 57 −2 → 55   ⑪ 35 −4 → 31   ⑯ 56 −3 → 53   ㉑ 66 −3 → 63   ㉖ 49 −5 → 44

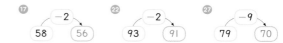

② 46 −2 → 44   ⑦ 74 −1 → 73   ⑫ 67 −7 → 60   ⑰ 58 −2 → 56   ㉒ 93 −2 → 91   ㉗ 79 −9 → 70

③ 67 −4 → 63   ⑧ 27 −4 → 23   ⑬ 59 −5 → 54   ⑱ 45 −3 → 42   ㉓ 53 −1 → 52   ㉘ 68 −5 → 63

④ 84 −3 → 81   ⑨ 49 −2 → 47   ⑭ 98 −1 → 97   ⑲ 87 −6 → 81   ㉔ 76 −2 → 74   ㉙ 97 −6 → 91

(몇십)-(몇십),
(몇십몇)-(몇십몇)

1일차

46~47쪽

⑤
```
    3 9
-   1 6
    2 3
```

⑩
```
    6 3
-   3 2
    3 1
```

⑮
```
    5 0
-   2 0
    3 0
```

⑳
```
    3 7
-   1 3
    2 4
```

㉕
```
    4 6
-   3 1
    1 5
```

①
```
    4 0
-   1 0
    3 0
```

⑥
```
    5 7
-   1 5
    4 2
```

⑪
```
    4 7
-   3 1
    1 6
```

⑯
```
    8 0
-   1 0
    7 0
```

㉑
```
    6 9
-   4 6
    2 3
```

㉖
```
    6 7
-   2 5
    4 2
```

②
```
    7 0
-   4 0
    3 0
```

⑦
```
    8 8
-   3 5
    5 3
```

⑫
```
    9 6
-   6 3
    3 3
```

⑰
```
    9 0
-   5 0
    4 0
```

㉒
```
    7 2
-   1 2
    6 0
```

㉗
```
    5 9
-   3 8
    2 1
```

③
```
    2 8
-   1 5
    1 3
```

⑧
```
    7 7
-   1 5
    6 2
```

⑬
```
    5 6
-   3 4
    2 2
```

⑱
```
    4 2
-   1 0
    3 2
```

㉓
```
    5 6
-   4 2
    1 4
```

㉘
```
    8 7
-   4 2
    4 5
```

④
```
    4 5
-   2 1
    2 4
```

⑨
```
    9 3
-   1 3
    8 0
```

⑭
```
    7 8
-   4 4
    3 4
```

⑲
```
    8 6
-   5 4
    3 2
```

㉔
```
    9 7
-   2 5
    7 2
```

㉙
```
    9 9
-   1 2
    8 7
```

2일차

48~49쪽

⑥ 66−14= 5 2
⑫ 86−43= 4 3
⑱ 50−40= 1 0
㉔ 64−43= 2 1
㉚ 58−13= 4 5

① 50−30= 2 0
⑦ 76−23= 5 3
⑬ 48−32= 1 6
⑲ 49−14= 3 5
㉕ 37−22= 1 5
㉛ 77−62= 1 5

② 70−50= 2 0
⑧ 58−25= 3 3
⑭ 94−62= 3 2
⑳ 80−60= 2 0
㉖ 59−45= 1 4
㉜ 98−32= 6 6

③ 90−10= 8 0
⑨ 98−18= 8 0
⑮ 67−55= 1 2
㉑ 57−27= 3 0
㉗ 78−24= 5 4
㉝ 45−22= 2 3

④ 26−14= 1 2
⑩ 43−12= 3 1
⑯ 54−33= 2 1
㉒ 63−21= 4 2
㉘ 46−31= 1 5
㉞ 68−56= 1 2

⑤ 34−12= 2 2
⑪ 88−65= 2 3
⑰ 79−58= 2 1
㉓ 92−12= 8 0
㉙ 95−54= 4 1
㉟ 89−74= 1 5

3일차
50~51쪽

⑤ 36 − 25 = 11
⑩ 90 − 30 = 60
⑮ 70 − 30 = 40
⑳ 95 − 83 = 12
㉕ 44 − 31 = 13

① 60 − 50 = 10
⑥ 77 − 26 = 51
⑪ 57 − 20 = 37
⑯ 48 − 27 = 21
㉑ 77 − 54 = 23
㉖ 55 − 23 = 32

② 27 − 13 = 14
⑦ 96 − 52 = 44
⑫ 67 − 12 = 55
⑰ 65 − 44 = 21
㉒ 80 − 60 = 20
㉗ 79 − 69 = 10

③ 53 − 11 = 42
⑧ 66 − 23 = 43
⑬ 89 − 44 = 45
⑱ 83 − 41 = 42
㉓ 45 − 14 = 31
㉘ 67 − 34 = 33

④ 87 − 16 = 71
⑨ 95 − 72 = 23
⑭ 78 − 35 = 43
⑲ 89 − 67 = 22
㉔ 54 − 41 = 13
㉙ 98 − 73 = 25

4일차
52~53쪽

⑥ 48−13=35
⑫ 96−22=74
⑱ 80−40=40
㉔ 69−58=11
㉚ 82−61=21

① 60−40=20
⑦ 97−84=13
⑬ 59−16=43
⑲ 39−15=24
㉕ 88−76=12
㉛ 49−34=15

② 25−12=13
⑧ 66−25=41
⑭ 49−23=26
⑳ 53−22=31
㉖ 46−22=24
㉜ 52−30=22

③ 47−31=16
⑨ 80−50=30
⑮ 88−34=54
㉑ 87−64=23
㉗ 98−64=34
㉝ 97−42=55

④ 38−24=14
⑩ 79−18=61
⑯ 58−46=12
㉒ 45−12=33
㉘ 73−51=22
㉞ 68−47=21

⑤ 89−58=31
⑪ 56−31=25
⑰ 74−31=43
㉓ 90−70=20
㉙ 57−43=14
㉟ 89−18=71

5일차
54~55쪽

⑤ 79 −27→ 52
⑩ 46 −35→ 11
⑮ 80 −20→ 60
⑳ 93 −12→ 81
㉕ 96 −85→ 11

① 60 −20→ 40
⑥ 96 −24→ 72
⑪ 58 −37→ 21
⑯ 35 −24→ 11
㉑ 80 −30→ 50
㉖ 79 −69→ 10

② 65 −53→ 12
⑦ 47 −23→ 24
⑫ 84 −20→ 64
⑰ 89 −39→ 50
㉒ 43 −13→ 30
㉗ 66 −36→ 30

③ 23 −11→ 12
⑧ 70 −60→ 10
⑬ 65 −11→ 54
⑱ 59 −47→ 12
㉓ 98 −35→ 63
㉘ 90 −40→ 50

④ 86 −72→ 14
⑨ 37 −22→ 15
⑭ 92 −51→ 41
⑲ 76 −45→ 31
㉔ 57 −15→ 42
㉙ 87 −51→ 36

세 수의 덧셈과 뺄셈

1일차
58~59쪽

④
```
    6        →  7
  + 1        + 2
    7           9
```

①
```
    1        →  4
  + 3        + 2
    4           6
```

⑤
```
    1        →  6
  + 5        + 3
    6           9
```

②
```
    4        →  5
  + 1        + 3
    5           8
```

⑥
```
    3        →  6
  + 3        + 2
    6           8
```

③
```
    2        →  4
  + 2        + 2
    4           6
```

⑦
```
    2        →  5
  + 3        + 4
    5           9
```

⑧ 1+1+4=6, 2, 6

⑫ 3+2+1=6, 5, 6

⑯ 2+3+3=8, 5, 8

⑨ 1+2+4=7, 3, 7

⑬ 1+3+5=9, 4, 9

⑰ 5+2+2=9, 7, 9

⑩ 2+2+3=7, 4, 7

⑭ 1+4+3=8, 5, 8

⑱ 1+6+2=9, 7, 9

⑪ 3+1+2=6, 4, 6

⑮ 2+3+2=7, 5, 7

⑲ 4+2+3=9, 6, 9

2일차
60~61쪽

④
```
    6        →  3
  - 3        - 1
    3           2
```

①
```
    3        →  2
  - 1        - 2
    2           0
```

⑤
```
    9        →  8
  - 1        - 3
    8           5
```

②
```
    8        →  5
  - 3        - 2
    5           3
```

⑥
```
    7        →  6
  - 1        - 5
    6           1
```

③
```
    7        →  4
  - 3        - 4
    4           0
```

⑦
```
    9        →  2
  - 7        - 1
    2           1
```

⑧ 4-3-1=0, 1, 0

⑫ 8-3-4=1, 5, 1

⑯ 9-8-1=0, 1, 0

⑨ 5-1-1=3, 4, 3

⑬ 9-2-3=4, 7, 4

⑰ 8-1-5=2, 7, 2

⑩ 6-2-1=3, 4, 3

⑭ 7-2-2=3, 5, 3

⑱ 9-5-4=0, 4, 0

⑪ 8-2-6=0, 6, 0

⑮ 9-4-2=3, 5, 3

⑲ 8-2-3=3, 6, 3

1. $1+1+3=5$
2. $3+1+3=7$
3. $5+1+1=7$
4. $2+5+2=9$
5. $3+3+1=7$
6. $3+2+3=8$
7. $1+2+4=7$
8. $2+1+4=7$
9. $3+2+1=6$
10. $1+3+5=9$
11. $2+2+3=7$
12. $2+3+2=7$
13. $1+3+2=6$
14. $3+3+3=9$
15. $1+4+4=9$
16. $2+3+3=8$
17. $7+1+1=9$
18. $1+1+4=6$
19. $2+4+2=8$
20. $3+1+1=5$
21. $1+1+6=8$
22. $2+5+1=8$
23. $3+2+4=9$
24. $3+1+5=9$
25. $1+2+3=6$
26. $2+4+3=9$
27. $4+1+4=9$
28. $1+2+2=5$
29. $2+1+6=9$
30. $1+6+1=8$
31. $2+2+1=5$
32. $3+4+1=8$
33. $2+2+2=6$
34. $6+1+1=8$
35. $1+5+1=7$

1. $3-1-1=1$
2. $4-1-2=1$
3. $5-1-1=3$
4. $8-5-1=2$
5. $6-1-1=4$
6. $9-2-7=0$
7. $7-2-2=3$
8. $5-2-3=0$
9. $9-3-2=4$
10. $8-2-4=2$
11. $9-1-6=2$
12. $5-3-1=1$
13. $9-6-2=1$
14. $8-1-2=5$
15. $9-4-1=4$
16. $7-5-1=1$
17. $9-4-3=2$
18. $6-2-2=2$
19. $4-1-1=2$
20. $8-2-5=1$
21. $6-4-1=1$
22. $7-1-4=2$
23. $9-1-7=1$
24. $8-1-4=3$
25. $9-3-3=3$
26. $6-3-1=2$
27. $8-4-3=1$
28. $9-5-1=3$
29. $5-2-2=1$
30. $9-3-5=1$
31. $8-2-2=4$
32. $7-3-2=2$
33. $9-8-1=0$
34. $6-1-2=3$
35. $7-2-4=1$

1. $1+3+1=5$
2. $2+2+4=8$
3. $3+3+2=8$
4. $6+1+1=8$
5. $1+1+4=6$
6. $1+2+3=6$
7. $2+5+2=9$
8. $5+1+2=8$
9. $1+3+5=9$
10. $3+2+2=7$
11. $7+1+1=9$
12. $4+1+3=8$
13. $1+6+2=9$
14. $3+4+2=9$
15. $1+3+3=7$
16. $6+1+2=9$
17. $1+4+2=7$
18. $6-4-1=1$
19. $5-1-2=2$
20. $4-1-3=0$
21. $8-2-5=1$
22. $9-5-2=2$
23. $8-6-1=1$
24. $9-2-2=5$
25. $7-1-2=4$
26. $8-1-7=0$
27. $9-3-1=5$
28. $6-1-3=2$
29. $9-6-3=0$
30. $9-2-5=2$
31. $8-4-2=2$
32. $9-3-4=2$
33. $9-1-2=6$
34. $9-2-4=3$
35. $9-4-1=4$

이어 세기로
두 수 더하기

1일차

70~71쪽

① $5+7=12$

② $9+4=13$

③ $6+6=12$

④ $8+5=13$

⑤ $6+8=14$

⑥ $9+6=15$

⑦ $7+6=13$

⑧ $8+7=15$

⑨ $7+7=14$

⑩ $5+6=11$

⑪ $7+5=12$

⑫ $9+2=11$

⑬ $8+4=12$

⑭ $6+7=13$

⑮ $6+5=11$

⑯ $3+9=12$

⑰ $8+6=14$

⑱ $7+8=15$

⑲ $9+5=14$

2일차

72~73쪽

① $9+4=13$

② $5+7=12$

③ $7+8=15$

④ $6+5=11$

⑤ $5+9=14$

⑥ $8+5=13$

⑦ $7+6=13$

⑧ $2+9=11$

⑨ $6+8=14$

⑩ $3+8=11$

⑪ $4+9=13$

⑫ $5+6=11$

⑬ $6+9=15$

⑭ $7+7=14$

⑮ $5+8=13$

⑯ $9+2=11$

⑰ $6+6=12$

⑱ $8+6=14$

⑲ $7+4=11$

3일차
74~75쪽

5)
7 8 9 10 11
$7+4=11$

1)
9 10 11 12
$9+3=12$

2)
6 7 8 9 10 11 12 13 14
$6+8=14$

3)
8 9 10 11 12
$8+4=12$

4)
7 8 9 10 11 12 13
$7+6=13$

6)
9 10 11 12 13 14 15
$9+6=15$

7)
5 6 7 8 9 10 11 12
$5+7=12$

8)
6 7 8 9 10 11
$6+5=11$

9)
8 9 10 11 12 13 14 15
$8+7=15$

10)
8 9 10 11
$8+3=11$

11)
6 7 8 9 10 11 12
$6+6=12$

12)
5 6 7 8 9 10 11 12 13
$5+8=13$

13)
7 8 9 10 11 12 13 14
$7+7=14$

14)
9 10 11 12 13 14
$9+5=14$

15)
6 7 8 9 10 11 12 13
$6+7=13$

16)
5 6 7 8 9 10 11
$5+6=11$

17)
8 9 10 11 12 13
$8+5=13$

18)
7 8 9 10 11 12 13 14 15
$7+8=15$

19)
9 10 11 12 13 14 15 16
$9+7=16$

4일차
76~77쪽

1) $5+6=11$, $6+5=11$

2) $4+8=12$, $8+4=12$

3) $6+7=13$, $7+6=13$

4) $3+9=12$, $9+3=12$

5) $4+9=13$, $9+4=13$

6) $8+7=15$, $7+8=15$

7) $9+5=14$, $5+9=14$

8) $8+3=11$, $3+8=11$

9) $2+9=11$, $9+2=11$

10) $7+4=11$, $4+7=11$

11) $6+8=14$, $8+6=14$

12) $9+6=15$, $6+9=15$

13) $5+8=13$, $8+5=13$

14) $8+9=17$, $9+8=17$

15) $9+7=16$, $7+9=16$

5일차
78~79쪽

1) $4+8=12$, $8+4=12$

2) $3+9=12$, $9+3=12$

3) $6+7=13$, $7+6=13$

4) $5+8=13$, $8+5=13$

5) $9+4=13$, $4+9=13$

6) $8+7=15$, $7+8=15$

7) $9+5=14$, $5+9=14$

8) $3+8=11$, $8+3=11$

9) $4+7=11$, $7+4=11$

10) $9+2=11$, $2+9=11$

11) $6+9=15$, $9+6=15$

12) $5+6=11$, $6+5=11$

13) $7+9=16$, $9+7=16$

14) $8+6=14$, $6+8=14$

15) $9+8=17$, $8+9=17$

10이 되는 덧셈식, 10에서 빼는 뺄셈식

1일차

82~83쪽

6 8+2=[10] 12 2+[8]=10

1 1+9=[10] 7 3+7=[10] 13 4+[6]=10

2 2+8=[10] 8 0+10=[10] 14 7+[3]=10

3 6+4=[10] 9 1+[9]=10 15 [7]+3=10

4 5+5=[10] 10 7+[3]=10 16 [1]+9=10

5 4+6=[10] 11 5+[5]=10 17 [4]+6=10

18
```
      7
  +   3
  [1][0]
```
22
```
    1 0
  +   0
  [1][0]
```
26
```
      7
  +  [3]
    1 0
```

19
```
      2
  +   8
  [1][0]
```
23
```
      9
  +   1
  [1][0]
```
27
```
      2
  +  [8]
    1 0
```

20
```
      5
  +   5
  [1][0]
```
24
```
      4
  +   6
  [1][0]
```
28
```
      5
  +  [5]
    1 0
```

21
```
      1
  +   9
  [1][0]
```
25
```
      8
  +   2
  [1][0]
```
29
```
      6
  +  [4]
    1 0
```

2일차

84~85쪽

6 10-7=[3] 12 10-[4]=6

1 10-4=[6] 7 10-8=[2] 13 10-[2]=8

2 10-5=[5] 8 10-0=[10] 14 10-[5]=5

3 10-3=[7] 9 10-10=[0] 15 10-[3]=7

4 10-6=[4] 10 10-[8]=2 16 10-[6]=4

5 10-1=[9] 11 10-[1]=9 17 10-[10]=0

18
```
    1 0
  -   5
    [5]
```
22
```
    1 0
  -   8
    [2]
```
26
```
    1 0
  -  [8]
      2
```

19
```
    1 0
  -   7
    [3]
```
23
```
    1 0
  -   6
    [4]
```
27
```
    1 0
  -  [9]
      1
```

20
```
    1 0
  -   2
    [8]
```
24
```
    1 0
  -   3
    [7]
```
28
```
    1 0
  -  [4]
      6
```

21
```
    1 0
  -   9
    [1]
```
25
```
    1 0
  -  [10]
      0
```
29
```
    1 0
  -  [7]
      3
```

3일차
86~87쪽

④ $10+0=10$ / $0+10=10$
⑧ $10-7=3$ / $10-3=7$

⑫ $6+4=10$; $4+6=10$
⑯ $10-8=2$; $10-2=8$

① $4+6=10$ / $6+4=10$
⑤ $1+9=10$ / $9+1=10$
⑨ $10-9=1$ / $10-1=9$
⑬ $1+9=10$; $9+1=10$
⑰ $10-6=4$; $10-4=6$

② $10+0=10$ / $0+10=10$
⑥ $2+8=10$ / $8+2=10$
⑩ $10-10=0$ / $10-0=10$
⑭ $5+5=10$; $5+5=10$
⑱ $10-3=7$; $10-7=3$

③ $3+7=10$ / $7+3=10$
⑦ $4+6=10$ / $6+4=10$
⑪ $10-8=2$ / $10-2=8$
⑮ $8+2=10$; $2+8=10$
⑲ $10-1=9$; $10-9=1$

4일차
88~89쪽

④ $6+4=10$ / $10-4=6$
⑧ $0+10=10$ / $10-0=10$
⑫ $4+6=10$; $10-6=4$
⑯ $10+0=10$; $10-0=10$

① $5+5=10$ / $10-5=5$
⑤ $2+8=10$ / $10-8=2$
⑨ $5+5=10$ / $10-5=5$
⑬ $8+2=10$; $10-2=8$
⑰ $6+4=10$; $10-4=6$

② $4+6=10$ / $10-6=4$
⑥ $10+0=10$ / $10-0=10$
⑩ $4+6=10$ / $10-4=6$
⑭ $5+5=10$; $10-5=5$
⑱ $2+8=10$; $10-8=2$

③ $8+2=10$ / $10-2=8$
⑦ $9+1=10$ / $10-1=9$
⑪ $7+3=10$ / $10-7=3$
⑮ $7+3=10$; $10-3=7$
⑲ $9+1=10$; $10-1=9$

5일차
90~91쪽

① $2+8=10$
② $1+9=10$
③ $3+7=10$
④ $8+2=10$
⑤ $0+10=10$
⑥ $9+1=10$
⑦ $3+7=10$
⑧ $4+6=10$
⑨ $8+2=10$
⑩ $6+4=10$
⑪ $5+5=10$
⑫ $10-0=10$
⑬ $10-1=9$
⑭ $10-7=3$
⑮ $10-9=1$
⑯ $10-3=7$
⑰ $10-8=2$
⑱ $7+3=10$
⑲ $2+8=10$
⑳ $10-6=4$
㉑ $5+5=10$
㉒ $0+10=10$
㉓ $10-9=1$
㉔ $9+1=10$
㉕ $10-4=6$
㉖ $9+1=10$
㉗ $10-2=8$
㉘ $4+6=10$
㉙ $10-3=7$
㉚ $8+2=10$
㉛ $1+9=10$
㉜ $10-5=5$
㉝ $10+0=10$
㉞ $7+3=10$
㉟ $10-10=0$

연산 8차시

10을 만들어 더하기

1일차
94~95쪽

❶ (1+9)+4=14
❷ (2+8)+3=13
❸ (3+7)+5=15
❹ (4+6)+7=17
❺ (5+5)+4=14

❻ (4+6)+5=15
❼ (3+7)+9=19
❽ (8+2)+1=11
❾ (2+8)+6=16
❿ (2+8)+8=18
⓫ (6+4)+9=19

⓬ (3+7)+2=12
⓭ (5+5)+2=12
⓮ (4+6)+8=18
⓯ (1+9)+7=17
⓰ (7+3)+5=15
⓱ (9+1)+4=14

⓲ (6+4)+6=16
⓳ (9+1)+3=13
⓴ (7+3)+4=14
㉑ (3+7)+4=14
㉒ (8+2)+5=15
㉓ (1+9)+3=13

㉔ (7+3)+1=11
㉕ (6+4)+5=15
㉖ (2+8)+9=19
㉗ (5+5)+1=11
㉘ (9+1)+6=16
㉙ (3+7)+7=17

㉚ (5+5)+9=19
㉛ (1+9)+8=18
㉜ (8+2)+7=17
㉝ (4+6)+3=13
㉞ (6+4)+8=18
㉟ (7+3)+6=16

2일차
96~97쪽

❶ 1+(5+5)=11
❷ 2+(6+4)=12
❸ 3+(3+7)=13
❹ 4+(1+9)=14
❺ 8+(8+2)=18

❻ 7+(9+1)=17
❼ 8+(7+3)=18
❽ 9+(6+4)=19
❾ 8+(4+6)=18
❿ 5+(2+8)=15
⓫ 1+(7+3)=11

⓬ 5+(3+7)=15
⓭ 9+(2+8)=19
⓮ 8+(5+5)=18
⓯ 6+(1+9)=16
⓰ 7+(6+4)=17
⓱ 9+(9+1)=19

⓲ 5+(1+9)=15
⓳ 1+(2+8)=11
⓴ 3+(6+4)=13
㉑ 4+(3+7)=14
㉒ 1+(1+9)=11
㉓ 7+(8+2)=17

㉔ 8+(9+1)=18
㉕ 4+(7+3)=14
㉖ 1+(4+6)=11
㉗ 7+(5+5)=17
㉘ 6+(2+8)=16
㉙ 9+(3+7)=19

㉚ 4+(8+2)=14
㉛ 2+(9+1)=12
㉜ 8+(6+4)=18
㉝ 9+(8+2)=19
㉞ 7+(7+3)=17
㉟ 4+(2+8)=14

3일차
98~99쪽

⑥ ④+6+2=12 ⑫ ⑦+3+8=18 ⑱ 2+⑧+9=19 ㉔ 5+⑤+6=16 ㉚ 7+③+3=13

① ⑨+1+3=13 ⑦ ⑨+1+6=16 ⑬ ②+8+4=14 ⑲ 1+⑨+4=14 ㉕ 8+②+3=13 ㉛ 6+④+8=18

② ⑦+3+2=12 ⑧ ③+7+2=12 ⑭ ④+6+5=15 ⑳ 6+④+5=15 ㉖ 4+⑥+1=11 ㉜ 3+⑦+4=14

③ ②+8+5=15 ⑨ ⑤+5+3=13 ⑮ ③+7+6=16 ㉑ 9+①+6=16 ㉗ 3+⑦+7=17 ㉝ 2+⑧+5=15

④ ⑧+2+9=19 ⑩ ⑥+4+2=12 ⑯ ②+8+9=19 ㉒ 5+⑤+7=17 ㉘ 7+③+2=12 ㉞ 1+⑨+9=19

⑤ ⑥+4+4=14 ⑪ ①+9+7=17 ⑰ ⑧+2+3=13 ㉓ 3+⑦+5=15 ㉙ 9+①+8=18 ㉟ 4+⑥+7=17

4일차
100~101쪽

⑥ 2+7+③=12 ⑫ 7+2+⑧=17 ⑱ 3+③+7=13 ㉔ 7+②+8=17 ㉚ 1+⑤+5=11

① 3+2+⑧=13 ⑦ 8+1+⑨=18 ⑬ 3+8+②=13 ⑲ 6+⑧+2=16 ㉕ 5+③+7=15 ㉛ 8+④+6=18

② 1+4+⑥=11 ⑧ 3+9+①=13 ⑭ 9+5+⑤=19 ⑳ 1+⑦+3=11 ㉖ 6+①+9=16 ㉜ 4+⑨+1=14

③ 5+7+③=15 ⑨ 6+2+⑧=16 ⑮ 8+7+③=18 ㉑ 7+⑥+4=17 ㉗ 4+⑦+3=14 ㉝ 5+②+8=15

④ 4+9+①=14 ⑩ 1+5+⑤=11 ⑯ 2+6+④=12 ㉒ 2+③+7=12 ㉘ 2+④+6=12 ㉞ 9+⑧+2=19

⑤ 8+3+⑦=18 ⑪ 4+3+⑦=14 ⑰ 5+4+⑥=15 ㉓ 8+⑨+1=18 ㉙ 5+①+9=15 ㉟ 7+①+9=17

5일차
102~103쪽

⑥ 7+3+1=11 ⑫ 3+7+9=19 ⑱ 5+5+9=19 ㉔ 4+6+2=12 ㉚ 7+3+8=18

① 4+5+5=14 ⑦ 5+3+7=15 ⑬ 1+8+2=11 ⑲ 7+2+8=17 ㉕ 8+9+1=18 ㉛ 1+6+4=11

② 2+8+1=11 ⑧ 8+2+6=16 ⑭ 6+4+4=14 ⑳ 9+1+7=17 ㉖ 8+2+4=14 ㉜ 1+9+9=19

③ 7+4+6=17 ⑨ 2+1+9=12 ⑮ 3+2+8=13 ㉑ 6+8+2=16 ㉗ 3+1+9=13 ㉝ 2+3+7=12

④ 1+9+5=15 ⑩ 5+5+3=13 ⑯ 9+1+5=15 ㉒ 7+3+3=13 ㉘ 5+5+8=18 ㉞ 6+4+2=12

⑤ 8+3+7=18 ⑪ 2+7+3=12 ⑰ 7+1+9=17 ㉓ 4+4+6=14 ㉙ 6+7+3=16 ㉟ 5+2+8=15

IO을 이용하여 모으기와 가르기

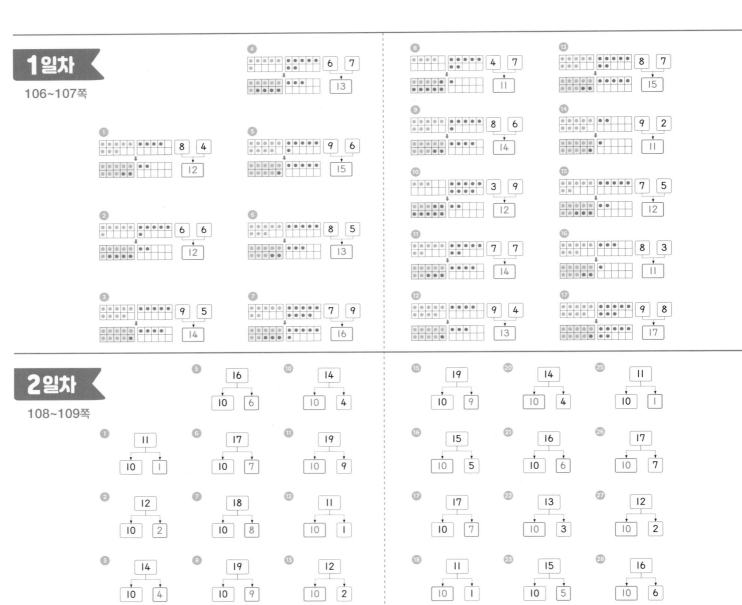

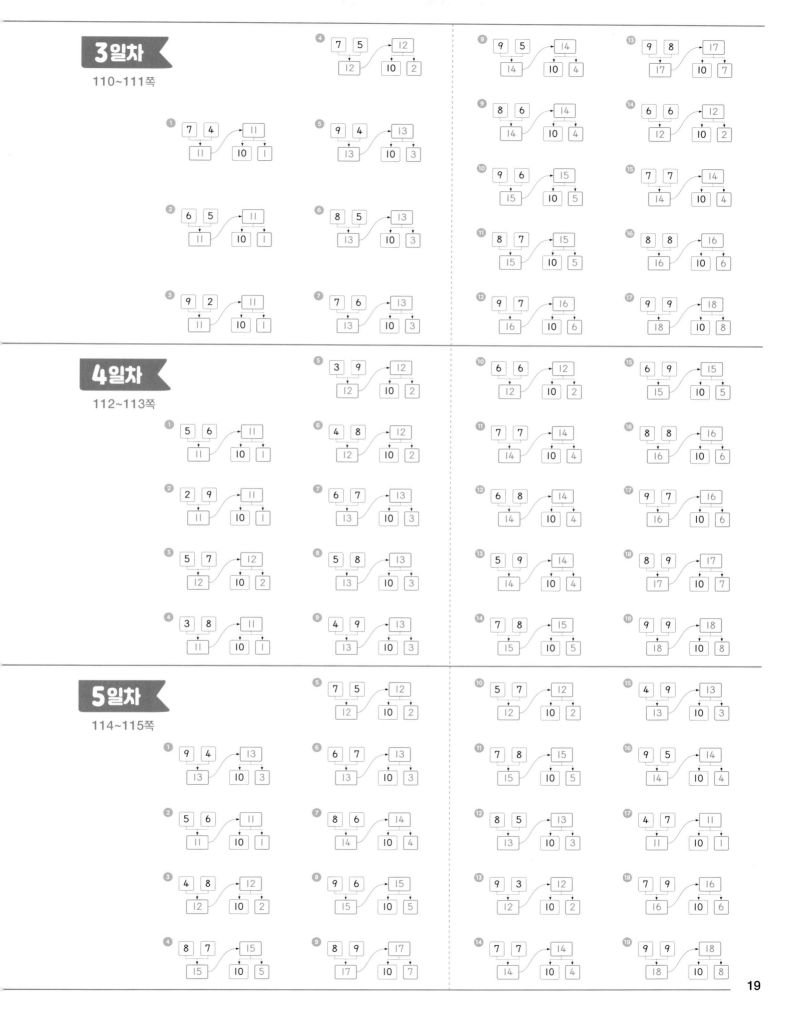

3일차
110~111쪽

① 7 4 → 11 / 11 10 1

② 6 5 → 11 / 11 10 1

③ 9 2 → 11 / 11 10 1

④ 7 5 → 12 / 12 10 2

⑤ 9 4 → 13 / 13 10 3

⑥ 8 5 → 13 / 13 10 3

⑦ 7 6 → 13 / 13 10 3

⑧ 9 5 → 14 / 14 10 4

⑨ 8 6 → 14 / 14 10 4

⑩ 9 6 → 15 / 15 10 5

⑪ 8 7 → 15 / 15 10 5

⑫ 9 7 → 16 / 16 10 6

⑬ 9 8 → 17 / 17 10 7

⑭ 6 6 → 12 / 12 10 2

⑮ 7 7 → 14 / 14 10 4

⑯ 8 8 → 16 / 16 10 6

⑰ 9 9 → 18 / 18 10 8

4일차
112~113쪽

① 5 6 → 11 / 11 10 1

② 2 9 → 11 / 11 10 1

③ 5 7 → 12 / 12 10 2

④ 3 8 → 11 / 11 10 1

⑤ 3 9 → 12 / 12 10 2

⑥ 4 8 → 12 / 12 10 2

⑦ 6 7 → 13 / 13 10 3

⑧ 5 8 → 13 / 13 10 3

⑨ 4 9 → 13 / 13 10 3

⑩ 6 6 → 12 / 12 10 2

⑪ 7 7 → 14 / 14 10 4

⑫ 6 8 → 14 / 14 10 4

⑬ 5 9 → 14 / 14 10 4

⑭ 7 8 → 15 / 15 10 5

⑮ 6 9 → 15 / 15 10 5

⑯ 8 8 → 16 / 16 10 6

⑰ 9 7 → 16 / 16 10 6

⑱ 8 9 → 17 / 17 10 7

⑲ 9 9 → 18 / 18 10 8

5일차
114~115쪽

① 9 4 → 13 / 13 10 3

② 5 6 → 11 / 11 10 1

③ 4 8 → 12 / 12 10 2

④ 8 7 → 15 / 15 10 5

⑤ 7 5 → 12 / 12 10 2

⑥ 6 7 → 13 / 13 10 3

⑦ 8 6 → 14 / 14 10 4

⑧ 9 6 → 15 / 15 10 5

⑨ 8 9 → 17 / 17 10 7

⑩ 5 7 → 12 / 12 10 2

⑪ 7 8 → 15 / 15 10 5

⑫ 8 5 → 13 / 13 10 3

⑬ 9 3 → 12 / 12 10 2

⑭ 7 7 → 14 / 14 10 4

⑮ 4 9 → 13 / 13 10 3

⑯ 9 5 → 14 / 14 10 4

⑰ 4 7 → 11 / 11 10 1

⑱ 7 9 → 16 / 16 10 6

⑲ 9 9 → 18 / 18 10 8

(몇)+(몇)=(십몇)

1일차
118~119쪽

5 6+6=12
   4 2

10 9+4=13
    1 3

① 9+2=11
   1 1

⑥ 5+6=11
   5 1

⑪ 9+5=14
   1 4

② 8+5=13
   2 3

⑦ 8+7=15
   2 5

⑫ 8+3=11
   2 1

③ 3+8=11
   7 1

⑧ 6+9=15
   4 5

⑬ 5+9=14
   5 4

④ 4+9=13
   6 3

⑨ 9+7=16
   1 6

⑭ 7+7=14
   3 4

⑮
    7 3
 + 4 1
 1 1

⑯
    9
 + 3 1
 1 2 2

⑰
    8 2
 + 9 7
 1 7

⑱
    5 5
 + 7 2
 1 2

⑲
    7 3
 + 8 5
 1 1

⑳
    8 2
 + 4 2
 1 2

㉑
    6
 + 7 4
 1 3 3

㉒
    5 5
 + 5 3
 1 3

㉓
    8 2
 + 8 6
 1 6

㉔
    6 4
 + 5 1
 1 1

㉕
    9 1
 + 8 7
 1 7

㉖
    9
 + 9 8
 1 8

㉗
    6 4
 + 8 4
 1 4

㉘
    7 3
 + 9 6
 1 6

㉙
    9 1
 + 6 5
 1 5

2일차
120~121쪽

5 6+6=12
   2 4

10 8+4=12
    2 6

① 3+8=11
   1 2

⑥ 7+9=16
   6 1

⑪ 8+9=17
   7 1

② 7+4=11
   1 6

⑦ 6+8=14
   4 2

⑫ 9+5=14
   4 5

③ 8+7=15
   5 3

⑧ 9+9=18
   8 1

⑬ 5+6=11
   1 4

④ 6+9=15
   5 1

⑨ 5+7=12
   2 3

⑭ 7+7=14
   4 3

⑮
    4 2
 + 8 2
 1 2

⑯
    7 2
 + 5 5
 1 2

⑰
    5 4
 + 9 1
 1 4

⑱
    8 4
 + 6 4
 1 4

⑲
    9 2
 + 3 7
 1 2

⑳
    4 1
 + 7 3
 1 1

㉑
    8 1
 + 3 7
 1 1

㉒
    9 3
 + 4 6
 1 3

㉓
    7 5
 + 8 2
 1 5

㉔
    6 1
 + 5 5
 1 1

㉕
    2 1
 + 9 1
 1 1

㉖
    6 3
 + 7 3
 1 3

㉗
    8 3
 + 5 5
 1 3

㉘
    7 3
 + 6 4
 1 3

㉙
    9 5
 + 6 4
 1 5

3일차
122~123쪽

⑥ 9+7=16 ⑫ 6+9=15
① 6+8=14 ⑦ 8+3=11 ⑬ 8+8=16
② 9+4=13 ⑧ 8+7=15 ⑭ 4+7=11
③ 2+9=11 ⑨ 6+6=12 ⑮ 8+9=17
④ 7+7=14 ⑩ 4+9=13 ⑯ 9+5=14
⑤ 9+3=12 ⑪ 6+5=11 ⑰ 7+8=15

⑱ 3+9=12   ㉓ 5+6=11   ㉘ 7+9=16
⑲ 8+4=12   ㉔ 9+2=11   ㉙ 8+5=13
⑳ 9+6=15   ㉕ 7+5=12   ㉚ 4+8=12
㉑ 3+8=11   ㉖ 8+6=14   ㉛ 7+4=11
㉒ 9+9=18   ㉗ 7+6=13   ㉜ 9+8=17

4일차
124~125쪽

⑦ 4+9=13 ⑭ 4+8=12
① 6+6=12 ⑧ 9+6=15 ⑮ 5+9=14
② 5+8=13 ⑨ 8+3=11 ⑯ 6+5=11
③ 2+9=11 ⑩ 9+5=14 ⑰ 9+8=17
④ 8+6=14 ⑪ 4+7=11 ⑱ 7+7=14
⑤ 5+6=11 ⑫ 8+5=13 ⑲ 8+4=12
⑥ 6+7=13 ⑬ 7+8=15 ⑳ 9+9=18

㉑ 9+7=16   ㉖ 6+8=14   ㉛ 7+5=12
㉒ 3+8=11   ㉗ 5+7=12   ㉜ 8+8=16
㉓ 9+4=13   ㉘ 9+2=11   ㉝ 7+6=13
㉔ 7+4=11   ㉙ 8+7=15   ㉞ 9+3=12
㉕ 6+9=15   ㉚ 3+9=12   ㉟ 8+9=17

5일차
126~127쪽

⑤ +9 / 4 13   ⑩ +6 / 9 15   ⑮ +5 / 9 14   ⑳ +8 / 6 14   ㉕ +4 / 9 13
① +9 / 2 11   ⑥ +7 / 7 14   ⑪ +3 / 8 11   ⑯ +4 / 7 11   ㉑ +8 / 3 11   ㉖ +5 / 7 12
② +6 / 8 14   ⑦ +9 / 5 14   ⑫ +7 / 6 13   ⑰ +7 / 8 15   ㉒ +9 / 9 18   ㉗ +8 / 8 16
③ +7 / 5 12   ⑧ +7 / 4 11   ⑬ +9 / 3 12   ⑱ +8 / 4 12   ㉓ +8 / 5 13   ㉘ +6 / 5 11
④ +8 / 7 15   ⑨ +4 / 8 12   ⑭ +5 / 6 11   ⑲ +3 / 9 12   ㉔ +6 / 6 12   ㉙ +7 / 9 16

21

(십몇)-(몇)=(몇)

1일차
130~131쪽

① 11-3=8 (1, 2)
② 12-6=6 (2, 4)
③ 13-4=9 (3, 1)
④ 14-7=7 (4, 3)

⑤ 13-6=7 (3, 3)
⑥ 12-4=8 (2, 2)
⑦ 11-7=4 (1, 6)
⑧ 14-6=8 (4, 2)
⑨ 15-6=9 (5, 1)

⑩ 17-9=8 (7, 2)
⑪ 13-8=5 (3, 5)
⑫ 14-9=5 (4, 5)
⑬ 15-7=8 (5, 2)
⑭ 12-5=7 (2, 3)

⑮ 12 - 4 = 8 (2)
⑯ 13 - 9 = 4 (3, 6)
⑰ 15 - 9 = 6 (5, 4)
⑱ 16 - 7 = 9 (6)
⑲ 11 - 4 = 7 (1, 3)

⑳ 14 - 8 = 6 (4)
㉑ 12 - 7 = 5 (2, 5)
㉒ 11 - 6 = 5 (1, 5)
㉓ 14 - 5 = 9 (4, 1)
㉔ 17 - 8 = 9 (7, 1)

㉕ 15 - 8 = 7 (5, 3)
㉖ 11 - 9 = 2 (1, 8)
㉗ 13 - 5 = 8 (3, 2)
㉘ 12 - 9 = 3 (2, 7)
㉙ 18 - 9 = 9 (8, 1)

2일차
132~133쪽

① 11-4=7 (10, 1)
② 12-5=7 (10, 2)
③ 13-8=5 (10, 3)
④ 14-8=6 (10, 4)

⑤ 11-7=4 (10, 1)
⑥ 13-9=4 (10, 3)
⑦ 16-8=8 (10, 6)
⑧ 12-4=8 (10, 2)
⑨ 17-9=8 (10, 7)

⑩ 13-5=8 (10, 3)
⑪ 11-9=2 (10, 1)
⑫ 11-6=5 (10, 1)
⑬ 13-7=6 (10, 3)
⑭ 12-9=3 (10, 2)

⑮ 13 - 4 = 9 (10, 3)
⑯ 14 - 7 = 7 (10, 4)
⑰ 15 - 6 = 9 (10, 5)
⑱ 16 - 7 = 9 (10, 6)

⑲ 13 - 7 = 6 (10, 3)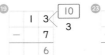
⑳ 12 - 3 = 9 (10, 2)
㉑ 14 - 9 = 5 (10, 4)
㉒ 12 - 6 = 9 (10, 2)

㉓ 14 - 5 = 9 (10, 4)
㉔ 15 - 9 = 6 (10, 5)
㉕ 12 - 8 = 4 (10, 2)
㉖ 11 - 8 = 3 (10, 1)

3일차
134~135쪽

1. 11−2=9
2. 12−4=8
3. 13−8=5
4. 14−5=9
5. 16−7=9
6. 12−5=7
7. 13−7=6
8. 16−9=7
9. 17−9=8
10. 11−4=7
11. 14−8=6
12. 11−8=3
13. 12−9=3
14. 13−5=8
15. 14−7=7
16. 18−9=9
17. 15−8=7

18.
```
  1 2
−   3
  ─────
    9
```
19.
```
  1 4
−   6
  ─────
    8
```
20.
```
  1 1
−   3
  ─────
    8
```
21.
```
  1 5
−   7
  ─────
    8
```
22.
```
  1 1
−   9
  ─────
    2
```
23.
```
  1 3
−   4
  ─────
    9
```
24.
```
  1 1
−   5
  ─────
    6
```
25.
```
  1 2
−   6
  ─────
    6
```
26.
```
  1 7
−   8
  ─────
    9
```
27.
```
  1 4
−   9
  ─────
    5
```
28.
```
  1 2
−   7
  ─────
    5
```
29.
```
  1 6
−   8
  ─────
    8
```
30.
```
  1 3
−   6
  ─────
    7
```
31.
```
  1 1
−   7
  ─────
    4
```
32.
```
  1 5
−   9
  ─────
    6
```

4일차
136~137쪽

1. 12−3=9
2. 11−2=9
3. 14−8=6
4. 16−9=7
5. 13−4=9
6. 14−7=7
7. 11−9=2
8. 12−5=7
9. 17−9=8
10. 11−4=7
11. 15−6=9
12. 13−6=7
13. 16−8=8
14. 11−6=5
15. 14−9=5
16. 12−7=5
17. 11−8=3

18.
```
  1 3
−   5
  ─────
    8
```
19.
```
  1 2
−   4
  ─────
    8
```
20.
```
  1 1
−   3
  ─────
    8
```
21.
```
  1 6
−   7
  ─────
    9
```
22.
```
  1 2
−   9
  ─────
    3
```
23.
```
  1 4
−   5
  ─────
    9
```
24.
```
  1 5
−   9
  ─────
    6
```
25.
```
  1 8
−   9
  ─────
    9
```
26.
```
  1 3
−   7
  ─────
    6
```
27.
```
  1 1
−   7
  ─────
    4
```
28.
```
  1 5
−   7
  ─────
    8
```
29.
```
  1 1
−   5
  ─────
    6
```
30.
```
  1 4
−   6
  ─────
    8
```
31.
```
  1 7
−   8
  ─────
    9
```
32.
```
  1 3
−   9
  ─────
    4
```

5일차
138~139쪽

1. 11 −3 → 8
2. 13 −6 → 7
3. 14 −7 → 7
4. 12 −9 → 3
5. 12 −5 → 7
6. 14 −6 → 8
7. 13 −4 → 9
8. 16 −9 → 7
9. 11 −4 → 7
10. 13 −8 → 5
11. 11 −9 → 2
12. 12 −8 → 4
13. 15 −9 → 6
14. 16 −7 → 9
15. 12 −4 → 8
16. 15 −6 → 9
17. 13 −5 → 8
18. 11 −7 → 4
19. 14 −5 → 9
20. 18 −9 → 9
21. 17 −8 → 9
22. 11 −6 → 5
23. 14 −8 → 6
24. 13 −7 → 6
25. 16 −8 → 8
26. 12 −3 → 9
27. 13 −9 → 4
28. 15 −8 → 7
29. 17 −9 → 8

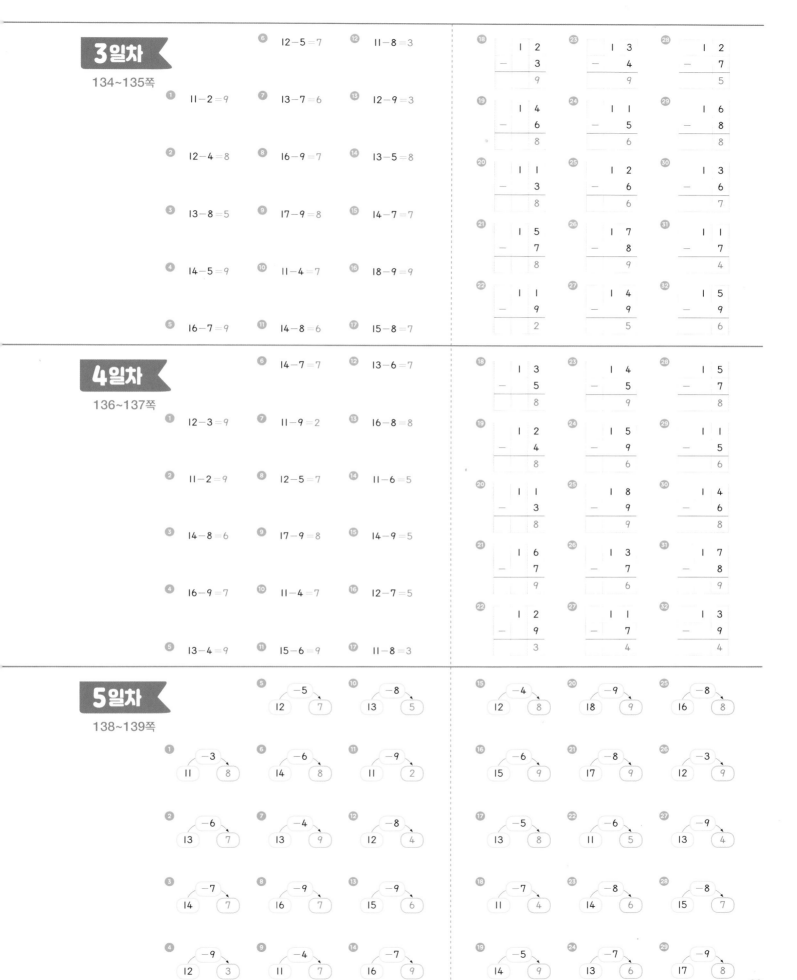

덧셈, 뺄셈 규칙으로 계산하기

1일차
142~143쪽

①
7+4= 11
7+5= 12
7+6= 13

②
8+7= 15
8+8= 16
8+9= 17

③
5+6= 11
5+7= 12
5+8= 13

④
7+7= 14
7+8= 15
7+9= 16

⑤
8+3= 11
8+4= 12
8+5= 13

⑥
4+7= 11
4+8= 12
4+9= 13

⑦
6+7= 13
6+8= 14
6+9= 15

⑧
9+7= 16
9+8= 17
9+9= 18

⑨
6+5= 11
7+5= 12
8+5= 13

⑩
5+6= 11
6+6= 12
7+6= 13

⑪
7+7= 14
8+7= 15
9+7= 16

⑫
3+8= 11
4+8= 12
5+8= 13

⑬
2+9= 11
3+9= 12
4+9= 13

⑭
7+4= 11
8+4= 12
9+4= 13

⑮
5+8= 13
6+8= 14
7+8= 15

⑯
7+9= 16
8+9= 17
9+9= 18

⑰
7+8= 15
8+8= 16
9+8= 17

⑱
4+7= 11
5+7= 12
6+7= 13

⑲
7+6= 13
8+6= 14
9+6= 15

⑳
4+9= 13
5+9= 14
6+9= 15

2일차
144~145쪽

①
15−7= 8
15−8= 7
15−9= 6

②
14−7= 7
14−8= 6
14−9= 5

③
11−7= 4
11−8= 3
11−9= 2

④
12−7= 5
12−8= 4
12−9= 3

⑤
13−4= 9
13−5= 8
13−6= 7

⑥
13−7= 6
13−8= 5
13−9= 4

⑦
15−6= 9
15−7= 8
15−8= 7

⑧
16−7= 9
16−8= 8
16−9= 7

⑨
11−6= 5
11−5= 6
11−4= 7

⑩
12−9= 3
12−8= 4
12−7= 5

⑪
11−9= 2
11−8= 3
11−7= 4

⑫
13−9= 4
13−8= 5
13−7= 6

⑬
14−9= 5
14−8= 6
14−7= 7

⑭
15−9= 6
15−8= 7
15−7= 8

⑮
12−6= 6
12−5= 7
12−4= 8

⑯
11−4= 7
11−3= 8
11−2= 9

⑰
13−6= 7
13−5= 8
13−4= 9

⑱
16−9= 7
16−8= 8
16−7= 9

⑲
14−7= 7
14−6= 8
14−5= 9

⑳
15−8= 7
15−7= 8
15−6= 9

3일차
146~147쪽

③ $7+6=13$ / $8+5=13$ / $9+4=13$
⑥ $6+9=15$ / $7+8=15$ / $8+7=15$
⑨ $4+7=11$ / $3+8=11$ / $2+9=11$
⑬ $7+7=14$ / $6+8=14$ / $5+9=14$
⑰ $9+2=11$ / $8+3=11$ / $7+4=11$

⑩ $7+5=12$ / $6+6=12$ / $5+7=12$
⑭ $9+4=13$ / $8+5=13$ / $7+6=13$
⑱ $9+7=16$ / $8+8=16$ / $7+9=16$

① $2+9=11$ / $3+8=11$ / $4+7=11$
④ $3+9=12$ / $4+8=12$ / $5+7=12$
⑦ $4+9=13$ / $5+8=13$ / $6+7=13$

⑪ $6+7=13$ / $5+8=13$ / $4+9=13$
⑮ $5+7=12$ / $4+8=12$ / $3+9=12$
⑲ $6+5=11$ / $5+6=11$ / $4+7=11$

② $7+5=12$ / $8+4=12$ / $9+3=12$
⑤ $5+9=14$ / $6+8=14$ / $7+7=14$
⑧ $7+9=16$ / $8+8=16$ / $9+7=16$

⑫ $9+6=15$ / $8+7=15$ / $7+8=15$
⑯ $9+3=12$ / $8+4=12$ / $7+5=12$
⑳ $9+5=14$ / $8+6=14$ / $7+7=14$

4일차
148~149쪽

③ $11-5=6$ / $12-6=6$ / $13-7=6$
⑥ $15-7=8$ / $16-8=8$ / $17-9=8$
⑨ $13-5=8$ / $12-4=8$ / $11-3=8$
⑬ $17-9=8$ / $16-8=8$ / $15-7=8$
⑰ $13-7=6$ / $12-6=6$ / $11-5=6$

⑩ $14-6=8$ / $13-5=8$ / $12-4=8$
⑭ $13-6=7$ / $12-5=7$ / $11-4=7$
⑱ $15-6=9$ / $14-5=9$ / $13-4=9$

① $12-4=8$ / $13-5=8$ / $14-6=8$
④ $11-2=9$ / $12-3=9$ / $13-4=9$
⑦ $14-5=9$ / $15-6=9$ / $16-7=9$

⑪ $16-9=7$ / $15-8=7$ / $14-7=7$
⑮ $14-9=5$ / $13-8=5$ / $12-7=5$
⑲ $13-9=4$ / $12-8=4$ / $11-7=4$

② $16-7=9$ / $17-8=9$ / $18-9=9$
⑤ $13-6=7$ / $14-7=7$ / $15-8=7$
⑧ $11-7=4$ / $12-8=4$ / $13-9=4$

⑫ $13-4=9$ / $12-3=9$ / $11-2=9$
⑯ $15-9=6$ / $14-8=6$ / $13-7=6$
⑳ $18-9=9$ / $17-8=9$ / $16-7=9$

5일차
150~151쪽

③

$6+5$	$6+6$	$6+7$
11	12	13
$7+5$	$7+6$	$7+7$
12	13	14
$8+5$	$8+6$	$8+7$
13	14	15

⑥

$7+4$	$8+4$	$9+4$
11	12	13
$7+5$	$8+5$	$9+5$
12	13	14
$7+6$	$8+6$	$9+6$
13	14	15

⑨

$11-4$	$11-5$	$11-6$
7	6	5
$12-4$	$12-5$	$12-6$
8	7	6
$13-4$	$13-5$	$13-6$
9	8	7

⑫

$13-6$	$14-6$	$15-6$
7	8	9
$13-7$	$14-7$	$15-7$
6	7	8
$13-8$	$14-8$	$15-8$
5	6	7

⑮

$14-7$	$15-7$	$16-7$
7	8	9
$14-8$	$15-8$	$16-8$
6	7	8
$14-9$	$15-9$	$16-9$
5	6	7

①

$7+4$	$7+5$	$7+6$
11	12	13
$8+4$	$8+5$	$8+6$
12	13	14
$9+4$	$9+5$	$9+6$
13	14	15

④

$7+7$	$8+7$	$9+7$
14	15	16
$7+8$	$8+8$	$9+8$
15	16	17
$7+9$	$8+9$	$9+9$
16	17	18

⑦

$5+6$	$6+6$	$7+6$
11	12	13
$5+7$	$6+7$	$7+7$
12	13	14
$5+8$	$6+8$	$7+8$
13	14	15

⑩

$12-7$	$12-8$	$12-9$
5	4	3
$13-7$	$13-8$	$13-9$
6	5	4
$14-7$	$14-8$	$14-9$
7	6	5

⑬

$14-7$	$14-8$	$14-9$
7	6	5
$15-7$	$15-8$	$15-9$
8	7	6
$16-7$	$16-8$	$16-9$
9	8	7

⑯

$11-4$	$12-4$	$13-4$
7	8	9
$11-5$	$12-5$	$13-5$
6	7	8
$11-6$	$12-6$	$13-6$
5	6	7

②

$8+8$	$7+8$	$6+8$
16	15	14
$8+7$	$7+7$	$6+7$
15	14	13
$8+6$	$7+6$	$6+6$
14	13	12

⑤

$4+7$	$5+7$	$6+7$
11	12	13
$4+8$	$5+8$	$6+8$
12	13	14
$4+9$	$5+9$	$6+9$
13	14	15

⑧

$9+7$	$9+8$	$9+9$
16	17	18
$8+7$	$8+8$	$8+9$
15	16	17
$7+7$	$7+8$	$7+9$
14	15	16

⑪

$13-6$	$12-6$	$11-6$
7	6	5
$13-5$	$12-5$	$11-5$
8	7	6
$13-4$	$12-4$	$11-4$
9	8	7

⑭

$16-9$	$16-8$	$16-7$
7	8	9
$15-9$	$15-8$	$15-7$
6	7	8
$14-9$	$14-8$	$14-7$
5	6	7

⑰

$14-7$	$14-6$	$14-5$
7	8	9
$13-7$	$13-6$	$13-5$
6	7	8
$12-7$	$12-6$	$12-5$
5	6	7

EBS

만점왕 연산

2단계

초등 1학년 권장

EBS 초등ON

https://on.ebs.co.kr

초등 공부의 모든 것
EBS 초등ON

제대로 배우고 익혀서 (溫)
더 높은 목표를 향해 위로 올라가는 비법 (ON)
초등온과 함께 **즐거운 학습경험**을 쌓으세요!

EBS와 함께하는 자기주도 학습 초등·중학 교재 로드맵

		예비 초등	1학년	2학년	3학년	4학년	5학년	6학년
전과목 기본서/평가			BEST **만점왕** 국어/수학/사회/과학 교과서 중심 초등 기본서			**만점왕 통합본** 학기별(8책) HOT 바쁜 초등학생을 위한 국어·사회·과학 압축본		
				만점왕 단원평가 학기별(8책) 한 권으로 학교 단원평가 대비				
			기초학력 진단평가 초2~중2 초2부터 중2까지 기초학력 진단평가 대비					
국어	독해		**4주 완성 독해력** 1~6단계 학년별 교과 연계 단기 독해 학습					
	문학							
	문법							
	어휘		**어휘가 독해다!** 초등 국어 어휘 1~2단계 1, 2학년 교과서 필수 낱말 + 읽기 학습		**어휘가 독해다!** 초등 국어 어휘 기본 3, 4학년 교과서 필수 낱말 + 읽기 학습		**어휘가 독해다!** 초등 국어 어휘 실력 5, 6학년 교과서 필수 낱말 + 읽기 학습	
	한자		**참 쉬운 급수 한자** 8급/7급 II/7급 한자능력검정시험 대비 급수별 학습	**어휘가 독해다!** 초등 한자 어휘 1~4단계 하루 1개 한자 학습을 통한 어휘 + 독해 학습				
	쓰기		**참 쉬운 글쓰기** 1-따라 쓰는 글쓰기 맞춤법·받아쓰기로 시작하는 기초 글쓰기 연습		**참 쉬운 글쓰기** 2-문법에 맞는 글쓰기/3-목적에 맞는 글쓰기 초등학생에게 꼭 필요한 기초 글쓰기 연습			
	문해력		**어휘/쓰기/ERI독해/배경지식/디지털독해가 문해력이다** 평생을 살아가는 힘, 문해력을 키우는 학기별·단계별 종합 학습			**문해력 등급 평가** 초1~중1 내 문해력 수준을 확인하는 등급 평가		
영어	독해	**EBS ELT 시리즈**	권장 학년 : 유아 ~ 중1				**EBS랑 홈스쿨 초등 영독해** Level 1~3 다양한 부가 자료가 있는 단계별 영독해 학습		
		EBS Big Cat **Collins BIG CAT** 다양한 스토리를 통한 영어 리딩 실력 향상				**EBS 기초 영독해** 중학 영어 내신 만점을 위한 첫 영독해		
	문법	EBS Big Cat **Shinoy and the Chaos Crew** 흥미롭고 몰입감 있는 스토리를 통한 풍부한 영어 독서				**EBS랑 홈스쿨 초등 영문법** 1~2 다양한 부가 자료가 있는 단계별 영문법 학습		
						EBS 기초 영문법 1~2 HOT 중학 영어 내신 만점을 위한 첫 영문법		
	어휘	EBS easy learning **easy learning** 저연령 학습자를 위한 기초 영어 프로그램				**EBS랑 홈스쿨 초등 필수 영단어** Level 1~2 다양한 부가 자료가 있는 단계별 영단어 테마 연상 종합 학습		
	쓰기							
	듣기					**초등 영어듣기평가 완벽대비** 학기별(8책) 듣기 + 받아쓰기 + 말하기 All in One 학습서		
수학	연산	**만점왕 연산** Pre 1~2단계, 1~12단계 과학적 연산 방법을 통한 계산력 훈련						
	개념							
	응용		**만점왕 수학 플러스** 학기별(12책) 교과서 중심 기본 + 응용 문제					
	심화					**만점왕 수학 고난도** 학기별(6책) 상위권 학생을 위한 초등 고난도 문제집		
	특화	**초등 수해력** 영역별 P단계, 1~6단계(14책) 다음 학년 수학이 쉬워지는 영역별 초등 수학 특화 학습서						
사회	사회 역사			**초등학생을 위한 多담은 한국사 연표** 연표로 흐름을 잡는 한국사 학습				
				매일 쉬운 스토리 한국사 1~2 / **스토리 한국사** 1~2 하루 한 주제를 이야기로 배우는 한국사/ 고학년 사회 학습 입문서				
과학	과학							
기타	창체		**창의체험 탐구생활** 1~12권 창의력을 키우는 창의체험활동·탐구					
	AI		**쉽게 배우는 초등 AI** 1(1~2학년) 초등 교과와 융합한 초등 1~2학년 인공지능 입문서		**쉽게 배우는 초등 AI** 2(3~4학년) 초등 교과와 융합한 초등 3~4학년 인공지능 입문서		**쉽게 배우는 초등 AI** 3(5~6학년) 초등 교과와 융합한 초등 5~6학년 인공지능 입문서	